DIDIER NORDON

Des cailloux dans les choses sûres

POUR LA SCIENCE
DIFFUSION BELIN

ISBN 2-9029-1897-6

TABLE DES MATIÈRES

Par nature, ce que dit la presse est vrai. La preuve : elle est souvent prise en flagrant délit de mensonge, mais les gens, presque tous et presque à chaque fois, continuent de la croire. Sans vérifier – ils ne sont d'ailleurs pas censés le faire – ils répètent ses affirmations comme «la» vérité. C'est que, pour suspecter la presse, il faut la suspecter de ce scandale qu'est le mensonge caractérisé. En effet, le journalisme repose sur une conception tranchée : le vrai est un absolu, et on peut y atteindre. Il n'y a pas d'intermédiaire ; c'est tout l'un (informer) ou tout l'autre (désinformer). En journalisme, le vrai est du vrai vrai.

Par nature, un article de recherche scientifique est douteux. La preuve : le lecteur n'est jamais supposé lui faire confiance. Il ne doit pas répéter sans avoir vérifié. Avant d'appuyer ses propres travaux sur tel résultat publié, il est censé refaire ou au minimum tester la démonstration ou l'expérience décrite. Certes, de la hâte de publier soi-même à la simple négligence, de nombreuses raisons peuvent inciter un chercheur à omettre ces précautions. N'empêche : en sciences, rien ne doit en principe être pris pour argent comptant. Même l'exactitude d'une recherche ne suffit pas à garantir qu'elle est vraie. Car le vrai, toujours relatif, provisoire, dépend du système de pensée dans lequel on se place. Atteindre le vrai de vrai est inconcevable, tant la réalité met de malice à nous fuir. Dire, comme les Anciens, que le Soleil tourne autour de la Terre est faux, mais pas scandaleux. Or que sommes-nous, sinon de futurs Anciens? S'il devait y avoir scandale chaque fois qu'un article est faux, il y aurait scandale à chaque article! En sciences, le vrai est, au mieux, du faux vrai.

Qu'en est-il alors d'un auteur, scientifique de métier, mais qui publie dans une revue d'information? Ce qu'il écrit est-il vrai au sens factuel du journalisme, ou au sens plus hésitant des sciences?

Avouons-le, ma déontologie a parfois trébuché. Je me suis permis de publier dans *Pour la Science* quelques informations «plus vraies que nature». Du point de vue scientifique, passe encore. Le lecteur critique, comme chacun doit l'être face à un article scientifique, pouvait deviner les supercheries. Du point de vue du journalisme, mon cas se défend moins bien. On veut être tranquille, quand on lit son journal, on ne veut pas avoir à être toujours sur ses gardes!

Or deux des chroniques qui ont eu le plus d'écho se présentaient comme des informations mais étaient des inventions. J'ai annoncé (août 1992) qu'un professeur américain avait été condamné en justice pour avoir commis une faute de calcul devant ses étudiants, ce qui les avait lésés lors des examens. Pourquoi avoir diffusé cette fausse nouvelle? Pour caricaturer la manie américaine des procès. Je n'avais pas prévu que ma pseudo-information donnerait naissance à une rumeur, et me reviendrait aux oreilles par des collègues qui ne savaient plus d'où ils la tenaient («paraît qu'un prof de maths a été condamné aux États-Unis»). En outre, une revue professionnelle l'a reproduite, en s'inquiétant de voir les enseignants privés du droit à l'erreur. Ainsi, j'avais sous-estimé le malaise des enseignants, qui leur a fait prendre pour vrai ce qui n'était que moquerie à l'égard de certaines mœurs d'outre-Atlantique. Si la lecture d'un article scientifique sollicite surtout la raison (en principe), celle d'un article de journal sollicite surtout l'affectif. À mêler les genres, un auteur s'expose à se faire mal comprendre...

Récidivant (août 1994), j'ai annoncé la mise au point d'une pilule inhibant la jouissance : les familles pieuses pourraient avoir beaucoup d'enfants sans commettre le péché de plaisir. J'ai été surpris par la réaction des journalistes qui – téléphonant pour connaître la source et apprenant que l'information n'avait d'autre origine que mon imagination – perdaient aussitôt tout intérêt pour l'affaire, et raccrochaient sèchement. Comme si un fait cessait d'être intéressant dès qu'il cesse d'être vrai! La pilule anti-jouissance n'était pas née du seul anticléricalisme primaire, mais aussi du désir de réfléchir aux limites de ce que la science peut et doit faire. À supposer que des gens manifestent le désir de procréer sans jouir, faudrait-il, se faisant l'esclave de ce fantasme bizarre, tenter d'inventer une pilule ad hoc? Je ne crois pas. Notre société essaie trop souvent de répondre de façon purement technique aux questions. Par exemple, est-ce la meilleure réponse à la souffrance des couples stériles, que de mettre au point de prodigieuses techniques une fois de plus réservées à nous autres, riches Occidentaux? N'y a-t-il pas une «gadgétisation» de l'enfant lorsqu'on se met à le vouloir à tout prix et, parallèlement, une infantilisation des adultes? La réalisation par la technique du moindre de nos désirs nous rendrait-elle plus heureux? plus libres?

Bref, ce n'est pas parce qu'une pilule est fantaisiste, qu'elle interdit de s'interroger sur des problèmes ô combien réels. Ce qui peut se faire et ce qui ne le peut pas ; ce qui doit se faire et ce qui ne le doit pas sont proches comme des jumeaux. Pour scruter l'imperceptible moment du décollage entre le réel et la fiction, il faut ausculter le monde en lui étant le plus tangent possible. Une fiction réelle, un mensonge indiscernable de la vérité – voilà d'excellents outils de réflexion théorique. Mais le journalisme, lui, ne peut pas se permettre d'être à la fois fantaisiste et rigoureux. Rendu prudent, j'entoure désormais mes inventions de ficelles plus grosses que les inventions elles-mêmes!

Cela dit, les fausses nouvelles ne font tout de même pas le gros du «Bloc-Notes». Une source appréciée d'entrefilets narquois réside dans la prétention jargonnante des mandarins péremptoires. Il n'existe guère de texte, si ennuyeux soit-il, qui ne contienne une perle susceptible de faire rire. Certes, pour se moquer des gens trop sûrs d'eux, il faut être très sûr de soi. L'ironie peut admirablement se retourner contre celui qui la manie. Me retrouverai-je un jour arroseur arrosé? A Dieu vat...

On verra cependant peu de traces de cet aspect du «Bloc-Notes» dans la sélection qui suit. Distillée au fil des mois, la moquerie passe ; concentrée en un recueil, elle lasse. De toutes façons, si j'ai fâché des gens, qu'ils se consolent. Combien en ai-je lus jusqu'au bout, de ces textes assommants que j'aurais laissé tomber dès la première ligne si je n'avais eu l'espoir – parfois déçu, en plus – d'y dénicher de quoi me moquer et alimenter ma chronique! Mes victimes se sont vengées d'avance.

Cirage polyglotte. «Neutral. Incolore. Natur. Neutro. Natural. Incoloro.» Telle est la... couleur que j'ai vue annoncée sur une boîte de cirage à vocation européenne. D'après d'autres indices fournis par l'étiquette, les termes employés sont respectivement anglais, français, allemand, italien, portugais, espagnol. Quoique les Romains aient mis en garde contre les propos trop prétentieux pour une situation donnée («Cordonnier, pas plus haut que la chaussure!» disaient-ils) comment résister à la tentation de soutenir, en mettant le ton grave et docte qui sied, que cette modeste étiquette sur une boîte de cirage «pose tous les problèmes de la traduction»?

Un Allemand achetant un cirage de couleur nature se procure-t-il le même produit qu'un Français achetant un cirage de couleur incolore? Qu'y a-t-il de naturel dans la neutralité, qu'y a-t-il d'incolore dans la nature? Pourquoi cette topologie, le portugais, par exemple, se retrouvant d'accord avec l'allemand pour retenir la notion de nature, et se séparant inexplicablement de sa langue sœur, l'espagnol? À défaut de neutralité, admirons au moins la parfaite symétrie ternaire respectée par le fabricant, chaque notion étant convoquée exactement deux fois. Comme ces notions existent, je suppose, dans les six langues, à quelle nécessité répond le fait que telle langue recourt à l'une plutôt qu'aux deux autres? En français, on aurait pu aussi bien mettre «neutre» que «incolore», mais pas «nature». Qu'en est-il des autres langues, et quelles conclusions en tirer? Etc., etc.

Que d'interrogations! Nous en oublions de faire nos chaussures. Renonçons donc à toute conclusion, et ouvrons la boîte... Voilà que nous tombons sur un produit de couleur blanche! Je l'ai vu, c'est indiscutable, même un Allemand ne me chercherait pas querelle là-dessus. Pas de doute : dans le cirage nous sommes.

AUTO-PANÉGYRIQUE

Dans *The Mathematical Intelligencer*, revue sérieuse bien que distrayante, et réciproquement, Lawrence Shepp raconte comment il s'y prend face aux innombrables demandes de lettres de recommandation que reçoit un mathématicien en fin de carrière. Méthodique, sinon besogneux, Lawrence Shepp distingue force cas, sous-cas, sous-sous-cas, mais sa technique est simple : il fait écrire la lettre de recommandation par le candidat, puis la signe et l'expédie là où le candidat demande à être embauché. Le procédé est économique en temps : «Cela prend tellement de temps d'étudier les travaux d'un solliciteur», avoue notre sollicité.

Pour les candidats qui ne supportent pas de se mettre ainsi en valeur, Lawrence Shepp a une anecdote toute prête. Einstein, agacé par l'étalage de fausse modestie d'un collègue, lui dit : «Vous n'êtes pas assez bon pour vous permettre d'être si modeste!»

STATISTIQUES AMOUREUSES

Une enquête publiée en juillet dernier sur le comportement sexuel des Français a de quoi surprendre. Les hommes, en moyenne, déclarent avoir eu 13 partenaires au cours de leur vie ; les femmes, seulement 2 à 5. En toute rigueur, il n'y a rien là d'impossible : les mâles français ont pu courir le monde et séduire les étrangères. Reste que la logique, si chère aux Français dit-on, aurait voulu qu'on s'interroge sur «cette différence de potentiel».

Naturellement, ledit problème n'a pas échappé aux Anglais, lesquels, toujours envieux, se permettent de suggérer que certaines exagérations ont pu fausser les chiffres (*New Scientist*, 18 juillet 1992). De fait, en présence d'une statistique, on doit toujours garder à l'esprit cette formule portée par la banderole d'un manifestant à Berlin-Est, peu avant la chute du mur : «Ne fais confiance qu'aux statistiques que tu as toi-même falsifiées!»

Une superbe définition du sexe nous a été livrée par *Marie-Claire* (mai 1992). En légende d'un schéma où le cortex, l'hypophyse, la moelle épinière, l'appareil génital, etc., stylisés et colorés, forment un tableau abstrait digne d'une composition de Mondrian, on lit : «Le plaisir sexuel, c'est un échange d'informations entre le sexe et le cerveau.» Cette remarquable découverte va certainement renforcer la réputation d'expertise des Français.

PLACEBO ET DOPAGE

Grand connaisseur du sport et de ses dessous, le docteur J.-P. de Mondenard, dans son *Dictionnaire des substances et procédés dopants en pratique sportive* (Masson, 1991), raconte plusieurs histoires de sportif auquel un entraîneur fait absorber en grand secret telle ou telle mystérieuse substance-miracle. Laquelle substance a pu aussi bien se révéler, après coup, n'être que de l'eau sucrée, des boulettes de pain ou des pastilles de sel... voire des suppositoires au gruyère! Mais le sportif avait tellement confiance en son entraîneur, que cela a suffi à le faire gagner. Car l'effet placebo existe aussi dans le domaine du dopage.

Si l'interdiction du dopage a pour but de moraliser les compétitions, l'absorption d'un placebo est aussi répréhensible que celle d'un «vrai» dopant. Une tâche difficile attend donc la médecine sportive : trouver comment dépister chez un sportif l'absorption, avec intention frauduleuse, de pain, de sel ou d'eau.

GÉNÉRALISATION DU PERMIS À POINTS

Le permis à points semble contribuer efficacement à la sécurité sur les routes. Inspiré par ce succès, un lecteur, M. Serge Préau, suggère d'instaurer également un système de diplômes à points. Quelle bonne idée! Nous serions, les uns et les autres, agrégés ou docteurs à points, énarques ou normaliens à points, médecins, avocats, généraux à points... Au cours de sa carrière, chacun se verrait sanctionné selon la gravité de l'erreur professionnelle qu'il vient de commettre. Par exemple, une erreur de calcul coûterait autant de points à un agrégé de mathématiques qu'une faute d'orthographe à un agrégé de lettres, etc. On n'omettrait pas, bien sûr, de pénaliser le chirurgien oubliant un instrument dans le ventre d'un opéré, l'avocat plaidant un dossier qu'il n'a pas ouvert, le général mourant au front...

Je ne sais pas si cette mesure améliorerait la qualité de nos diverses prestations professionnelles, mais le quinquagénaire contraint de renouer avec les affres du bachotage pour essayer de rattraper son diplôme annulé aurait le plaisir de connaître une seconde jeunesse...

Prendre la pause

Même en mettant bout à bout pause-café, pause-pipi, pause-cigarette, pause-repas, il reste des moments de travail. La journée continue ne se confond, hélas, pas encore avec une pause continue.

Heureusement, un progrès vient d'être fait : une nouvelle pause a été inventée. *Le Bulletin d'information* de l'Université Bordeaux I, rendant compte d'une visite que le Premier ministre a effectuée à l'occasion de la prochaine construction d'un institut de micro-électronique, nous apprend, photo à l'appui, que ledit Premier ministre a pratiqué «la pause de la première pierre».

À y réfléchir, cette information n'est pas étonnante. J'imagine que le Premier ministre n'est pas un habitué du travail manuel. Alors, après la rude fatigue qu'il a dû ressentir dès la première pierre, il méritait bien... un instant de pose!

Un journaliste s'indignait sur *France Culture* de ce que le ministère de l'Éducation nationale a contraint un jury d'agrégation à déclarer reçus des candidats dont la moyenne n'atteignait pas 4/20.

Soit : 4/20 n'a pas l'air d'une bonne note, mais peut-on aussitôt s'indigner contre le laxisme imposé par le ministère? À mon avis, non : je me fais fort d'infliger des notes aussi mauvaises qu'on voudra, dans leur propre spécialité, aux savants aussi éminents qu'on voudra. Des exemples? Voici.

Composition de physique : «Unifier les forces.» (Durée de l'épreuve : 6 heures.) Moyenne obtenue par les prix Nobel : 2,7/20.

Composition de mathématiques : «Démontrer l'hypothèse de Riemann.» (Durée de l'épreuve : 6 heures.) Moyenne obtenue par les médaillés Fields : 2,6/20.

Composition de littérature : «Écrire un texte qui ne déplaise à aucun de ses lecteurs.» (Durée de l'épreuve : 6 heures.) Moyenne obtenue par les lauréats du prix Goncourt : 0,6/20.

Tout cela pour dire qu'il peut arriver que les candidats soient faibles, certes, mais qu'il peut aussi arriver qu'un jury soit excessivement exigeant. Une note est chose relative. S'indigner contre un 4 parce que c'est un 4, c'est croire que, dès qu'il y a chiffre, il y a vérité absolue.

UN AMOUR, SANS MES LANGES!

Bébés nageurs, bébés calculateurs... Voilà maintenant qu'on parle même (je n'invente rien) de bébés astronomes et de bébés psychologues. Mais attention! Ce qui est formule-choc aujourd'hui a des chances d'être banalité demain : ne faut-il pas que la société renouvelle régulièrement son stock d'idées reçues? Bientôt donc, au lieu de percevoir dans l'enfant un adulte en devenir («Je suis curieux de voir ce qu'il donnera»), nous percevrons l'adulte comme un enfant dégénéré («J'aimerais tant savoir comment il était dans ses langes»). Les enfants écriront des traités, controversés, pour mettre en évidence l'existence d'une intelligence attardée chez les adultes.

D'ores et déjà, je regrette de m'être moqué de Chasles lorsque des professeurs, pour nous distraire de sa redoutable relation, nous racontaient les ridicules extrémités (réelles... ou enjolivées) auxquelles sa manie de collectionneur l'avait conduit. Oui, lorsqu'il a acheté (à prix d'or) le crâne de Vercingétorix enfant, Chasles s'est finalement montré beaucoup plus avisé que s'il avait acheté pour la même somme le crâne de Vercingétorix adulte!

«Ce n'est pas nous qui regardons la télévision : c'est elle qui nous regarde.»

«Dieu a créé les hommes à son image, mais les hommes le lui ont bien rendu.»

«S'il n'y avait pas de mauvais élèves, il n'y aurait pas de mauvais professeurs.»

«Les mathématiques ne s'appliquent pas à la physique, c'est la physique qui s'applique aux mathématiques.»

«Augmenter le nombre d'immigrés diminuerait le chômage.»

«Si une langue a à pâtir de l'expansion universelle de l'anglais, c'est bien la langue anglaise elle-même.»

Ce qui rapproche les maximes ci-dessus? D'être toutes des inversions de lieux communs. Inverser un lieu commun consiste à prendre un lieu commun et à affirmer le contraire, pour obtenir une idée qui passera pour originale et profonde.

Avons-nous là une voie sûre vers une gloire facile? Non, hélas. Lorsqu'on tente de la suivre, on rencontre une difficulté inattendue : il n'est pas commode du tout de trouver un lieu commun... original! Certains lieux communs ont été depuis longtemps répertoriés comme tels, et inversés : il y a toujours un proverbe pour en contredire un autre. Quant à la plupart des lieux communs, nous ne les voyons, ne les percevons pas. Ils nous sont intimes, nous y croyons tellement que nous les répétons sans nous en rendre compte. Il faut un réel talent, voire du génie, pour détecter un lieu commun non encore repéré. Au XVIe siècle, seul un Copernic songea que l'évidence selon laquelle le Soleil tourne autour de la Terre était un lieu commun tout juste bon à être inversé. Au XXe, Wegener a failli passer pour fou lorsqu'il s'est avisé de dire que les continents sont moins fixes que les mers.

L'enjeu de ce procédé peut donc être d'importance. Souhaitons alors qu'une méthode de détection des lieux communs soit élaborée. Leur inversion, ensuite, étant facile, nos conceptions du monde ne manqueraient pas de connaître les bouleversements les plus profonds, les plus passionnants.

Coito ergo sum

Un biologiste de l'Université de Rome vient de mettre au point une pilule capable d'inhiber les réactions de jouissance chez l'homme comme chez la femme. Il suffit de l'absorber une fois pour être protégé pendant un an : l'éjaculation, chez l'homme, et l'orgasme, chez la femme, se produisent sans provoquer la moindre volupté. Grâce à cette pilule, les familles pieuses vont pouvoir faire beaucoup d'enfants sans que leur acte de chair soit un péché, puisqu'elles l'auront accompli sans y éprouver le moindre plaisir.

L'INTERFACE UNIVERSELLE

On va bientôt rechercher comme une rareté un objet ou un être qui n'ait pas été analysé quelque part, par quelqu'un, comme l'interface entre ceci et cela. De fait, quoi que l'on considère, rien n'est plus facile que de découvrir une interface. Une fleur? Interface entre la nature et le sentiment poétique chez l'homme. Une étoile? Interface entre l'espace et l'effroi des mortels devant l'infini. Un enfant? Interface entre un individu et ses petits-enfants. Sartre? Interface entre l'être et le néant. Un homme écrasé sous une bombe? Interface entre les lois de la physique et celles de la guerre. Tel objet technique ou telle fonction sociale? Lisez sur leur compte le premier «article profond» venu et, c'est garanti, vous aurez droit à de l'interface.

Dans ces conditions, on me permettra de dire que les auteurs dont toute l'acuité consiste à voir des interfaces partout se situent eux-mêmes à l'interface entre le panurgisme langagier et le vide de la pensée. Et qu'importe si ces deux dernières expressions sont quasiment synonymes : elles me permettent de recourir au concept d'interface!

Curieux article d'un sociologue étranger et pourtant bon connaisseur de la France. Selon lui, ce qu'il y a de plus frappant dans notre vie intellectuelle, ce sont les rapports entre les *pip* et les *GIP*.

L'observation de nos mœurs a en effet mené ce sociologue à établir une distinction fondamentale entre les petits intellectuels de province (expression qu'il abrège en *pip* et prononce «pipe») et les Grands Intellectuels Parisiens (abréviation : *GIP* ; prononciation : «jipe»). «Le *pip* et le *GIP* forment un couple infernal. Le *GIP* est plein de condescendance vis-à-vis du *pip,* mais n'a pas de meilleur public que celui des *pip*. Le *pip* reconnaît la supériorité du *GIP*, mais le jalouse au point de se dire parfois qu'elle ne tient en réalité qu'à l'esbroufe et que si lui, *pip,* s'y mettait, montait à Paris, il serait bien aussi digne de devenir *GIP*. Ainsi le *pip* et le *GIP* ne peuvent exister l'un sans l'autre, chacun doit tout à l'autre, ils se soutiennent comme la corde soutient le pendu. Seulement, on ne sait pas lequel, du *pip* ou du *GIP*, est la corde et lequel est le pendu» *(NRF*, septembre 1990, n° 452).

Le pouvoir des statistiques

Il n'y a pas de raison : si certaines conceptions admises par les générations passées nous paraissent aujourd'hui absurdes, il y a sûrement certaines de nos conceptions qui paraîtront stupides à nos descendants. Hélas, comment pressentir lesquelles? Malaise...

Tout en ayant conscience du risque de ridicule inhérent aux prédictions – risque heureusement posthume – je parie pourtant que, un jour, l'usage actuel des statistiques passera pour aberrant.

Ainsi, je lis dans un hebdomadaire que 58 pour cent des élèves estiment que le niveau des professeurs n'a pas bougé ces dernières années. Voilà ce qu'on appelle une information! À supposer même qu'il soit possible d'élaborer une hypothétique notion de «niveau des professeurs», que peuvent bien en dire les adolescents? Il faut des années pour qu'une non moins hypothétique «variation de niveau» soit perceptible! Seulement voilà : demandez à un jeune de 14 ou 15 ans si ses professeurs de seconde sont aussi bons que l'étaient les professeurs de seconde quand il avait, lui le jeune, 5 ou 6 ans : vous aurez l'air idiot – à juste titre. Faites poser cette question par l'IFOP à un «échantillon de 550 jeunes représentatifs de la population scolarisée» – et vous obtenez un pourcentage digne d'être publié dans *Les clés de l'actualité* (n° 21, 10-16 septembre 1992) et commenté par *France Culture.*

Il n'est rien de si absurde qu'on ne puisse quantifier jusqu'à lui donner l'apparence d'une vérité scientifique. Le physicien Richard Feynman ironisait sur la longueur du nez de l'empereur de Chine. Personne n'avait le droit de voir l'empereur, mais on effectua un sondage sur la taille du nez et on obtint une moyenne d'autant plus «précise» que le nombre de sondés était grand...

J'attends impatiemment une statistique déterminant le nombre de bêtises auxquelles nous aura conduits la conviction que tout peut être objet de statistiques!

Un article «historique»

Chaque jour, les bulletins d'informations signalent quelque événement qu'ils qualifient d'historique : le dollar à son plus bas niveau, le yen au plus haut (demain, ce sera le contraire, mais toujours historique), la victoire du premier Brésilien dans une étape du Tour de France, la chute d'un empire, la poignée de main entre *X* et *Y* (chefs d'États jusque-là en guerre), le taux d'abstentions ici, les premières élections libres là, etc.

Le mot «historique» est devenu un fourre-tout. L'histoire elle-même n'est guère mieux lotie. Qu'un bulldozer ait le malheur de bousculer le moindre reste antique, et l'on crie à la barbarie. Stop! Les chercheurs d'abord! Ils accourent, sauvent tout ce qui sent le Romain, archivent ces précieuses reliques, publient force notes savantes destinées à devenir sous peu, elles aussi, reliques... Ils croient faire de l'histoire, mais agissent en fétichistes. Fétichisme également, cette volonté de défendre à tout prix tous les «faits de culture» menacés (savoir-faire, traditions, langues)... Le respect idolâtre et la collecte obsessionnelle des traces du passé considérées comme fins en soi relèvent non d'une interrogation sur l'homme, mais de l'assimilation irréfléchie du «plus» au «mieux», si banale dans la société actuelle.

Pourquoi une telle attitude? Sans doute parce que notre société se veut moderne, et qu'un tel projet empêche de se situer dans l'histoire, et par rapport à elle (ce qui le rend inconsistant). Notre société traite l'histoire comme une quelconque matière première, et se comporte avec elle comme avec tous les biens disponibles en ce bas monde : elle en veut le plus possible.

Le temps de l'anticipation

Un plagiat par anticipation a lieu lorsque quelqu'un vole votre idée originale et la publie un siècle avant votre naissance.

Je lis cette définition dans un ouvrage qui l'attribue au sociologue Robert Merton. Moi qui la croyais due à François Le Lionnais, me voilà incertain. Mais les difficultés d'attribution sont un problème classique. Je ne doute pas que quelqu'un de courageux fera la recherche érudite permettant de déterminer qui, le premier, a inventé la plaisanterie du plagiat par anticipation.

Mais une fois cela fait, un autre problème se posera – de type nouveau, celui-là. Ce tout premier inventeur – qui aura-t-il plagié (par anticipation!)? Suis-je le premier à anticiper cette question?

Tabac sans nicotine, bière sans alcool, café décaféiné... À quand les librairies sans livres?

Dès qu'un individu recourt quotidiennement à tel plaisir ou suit telle habitude marquée, il se trouve de bons esprits pour voir là le comportement d'un drogué. Cette analyse donne l'air intelligent à son auteur. Notre société ayant déclaré la guerre aux drogues, nos plaisirs usuels devraient donc être combattus. Ainsi, la lecture. D'où l'idée de librairies sans livres pour aider les accros de lecture à se désintoxiquer.

Évidemment, cette mesure risquerait de nuire au commerce. On pourrait, alors, non pas dégarnir les librairies, mais publier des livres dont toutes les pages seraient blanches. Cela s'est fait à petite échelle : *Tout ce que les hommes savent des femmes* est un livre blanc.

Si l'on généralisait ce procédé, le format, l'épaisseur, la couleur de la couverture, la qualité du papier, etc., permettraient d'offrir aux clients un vaste choix. Cela ne serait guère plus absurde que les vélos d'appartement, lesquels sont au plaisir physique à peu près ce que de tels livres seraient à la littérature.

Erreur condamnée

Les enseignants ont-ils droit à l'erreur? Un récent jugement prononcé aux États-Unis semble indiquer que non : un assistant-professeur de l'Université d'Austin (Texas), Tim Watson, vient d'être condamné par un juge fédéral à une forte amende et à une rétrogradation indiciaire. Motif : il s'est trompé en calculant devant des étudiants une intégrale d'un type très usuel. Une intégrale de ce type étant «tombée» à l'examen, un étudiant collé a porté plainte contre Tim Watson, l'accusant d'avoir une part de responsabilité dans son échec. Pour sa défense, l'enseignant a fait valoir que son erreur était une étourderie, comme il arrive à tout le monde d'en faire, et qu'il s'en était rendu compte, et qu'il l'avait rectifiée au bout de quelques minutes à peine. Mais le juge fédéral, s'appuyant sur de récents travaux de psychologie selon lesquels, chez certains individus, l'impression première est ineffaçable quels que soient les démentis ultérieurs, même s'ils sont quasiment immédiats, a condamné Tim Watson. Quant à l'étudiant, il a obtenu 1 500 dollars à titre de compensation pour son semestre perdu. Question aux assureurs : peut-on se prémunir?

Comme beaucoup d'hôtes de nos latitudes, j'ai longtemps cru que les Esquimaux possédaient un stock inépuisable de mots pour désigner la neige. Preuve que la réalité n'est pas donnée, mais culturellement construite par l'homme. Mon prédécesseur dans ces colonnes m'a détrompé : ils n'auraient que deux mots, exprimant une nuance tout à fait perceptible par nous, puisque l'un désigne la neige en train de tomber, l'autre la neige déjà tombée (voir «Bloc-Notes» in *Pour la Science*, n° 165, juillet 1991).

J'ai donc fait mon deuil des démonstrations qui analysent la singularité des civilisations en évoquant les 200 mots (tel est le record!) des Esquimaux pour les divers types de neige... Et voilà que j'apprends que les anciens Hébreux possédaient dix mots pour désigner non pas la neige, certes, mais le désert (voir *L'hébreu : 3 000 ans d'histoire*, par Mireille Hadas-Lebel, éditions Albin Michel, 1992).

L'ouvrage de Mireille Hadas-Lebel présente toutes garanties de sérieux. Acceptons donc ce chiffre. Suffit-il à réhabiliter les démonstrations écartées? Pas sûr : les considérations sur la neige ne se transportent peut-être pas au sable. Aucune alchimie ne rend équivalents le symbole du chaud et celui du froid.

Un rapprochement, malgré tout. Shakespeare, paraît-il, demande quelque part où va le blanc quand la neige fond. On peut se demander, de même, d'où vient la transparence quand le sable se transforme en verre.

La cuisine dans l'Univers

Lorsqu'ils exposent des théories sur l'expansion de l'Univers, les astrophysiciens multiplient à plaisir les images culinaires. L'un (Steven Weinberg) donne la recette pour obtenir l'Univers actuel à partir de la soupe cosmique initiale – soupe dans laquelle *Le Monde* (29 avril 1992) signale que le satellite COBE a trouvé des grumeaux. L'autre (Hubert Reeves) parle plutôt de purée cosmique, ce qui ne l'empêche pas, ailleurs, de comparer le processus d'éloignement mutuel des galaxies à celui des raisins secs dans un pudding au moment où la cuisson fait lever la pâte.

Il n'est sans doute pas étonnant que, pour conjurer l'effroi devant le silence éternel des espaces infinis, on convoque des images maternantes, si j'ose dire, comme la soupe ou la purée. Nos ancêtres réagissaient de même, sans toutefois recourir à la cuisson : je ne crois pas qu'ils aient imaginé que le lait de la Voie lactée pouvait bouillir et déborder.

Seulement, les goûts changent. La purée, la soupe, le pudding, appartiennent à la cuisine traditionnelle. Laquelle subit les assauts conjugués de deux ennemis : la nouvelle cuisine, et le fast-food. Les prochains astrophysiciens en veine de métaphore alimentaire parleront-ils plutôt de petits astéroïdes crus nappés dans un coulis de plasma chaud, ou plutôt de star-burger double assaisonné de ketchup aux ions lourds?

Évoquons la perversion des pratiques universitaires par la délectable étymologie du mot «quolibet». Vers le XIIIe siècle, les maîtres les plus prestigieux des universités tenaient une ou deux séances par an où ils s'offraient à traiter un problème «posé par n'importe qui sur n'importe quel sujet» (*De quolibet ad voluntatem cujuslibet*). Ce n'était donc pas le maître, en ces circonstances, qui choisissait son sujet, mais la salle (Jacques Le Goff, *Les intellectuels au Moyen Âge*). Entreprise périlleuse! Il fallait au maître une compétence et une présence d'esprit sans faille, car les questions provenaient aussi bien de rivaux jaloux, habiles à y dissimuler des traquenards, que de simples curieux plus ou moins naïfs, ou d'étudiants qui cherchaient à «faire les malins». Ces questions ont fini par devenir si souvent ridicules, que le mot «quolibet» a évolué vers le sens que nous lui connaissons aujourd'hui.

Devons-nous craindre le sens que l'avenir donnera au mot «thèse universitaire»?

La double erreur de Rademacher

Les scientifiques recourent aux moyens médiatiques pour attirer l'attention sur leurs découvertes. Ce faisant, agissent-ils vraiment dans le sens de leurs intérêts? Mesurent-ils dans quel engrenage ils mettent le doigt? La logique du journalisme n'est pas celle de la science. Qu'on en juge.

Il est arrivé au mathématicien Hans Rademacher (1892-1969), dit-on, ce qui est arrivé à d'autres bons mathématiciens : il a cru avoir résolu l'un des plus prestigieux problèmes ouverts des mathématiques (l'hypothèse de Riemann). Un collègue de Rademacher jugea cet exploit suffisamment important pour alerter la presse – le *New York Times*.

Et puis Rademacher a découvert une faille dans sa démonstration. Affolement! Le *New York Times* allait-il étaler au grand jour la fausse nouvelle? Allait-il même, qui sait, publier la démonstration avec l'erreur qui la défigurait? Avait-on encore le temps d'arrêter les rotatives fumantes avant qu'elles aient exposé la honte sur la place publique? Le journaliste, joint en catastrophe, fit cette réponse à Rademacher : «Pensez-vous! Nous n'avons pas songé un instant à annoncer votre découverte. Qui voulez-vous que ça intéresse parmi nos lecteurs? En revanche, un mathématicien qui se trompe, ça c'est formidable. Je ne croyais pas que ça pouvait exister, nos lecteurs vont être ravis. Envoyez-moi d'urgence votre photo!»

Auguste Comte, vers l'âge de 30 ans, s'estimant assez savant, décida de s'abstenir de toute lecture supplémentaire et de se consacrer entièrement à l'écriture de son œuvre. «Une vache ne boit pas de lait», affirmait Victor Hugo quand on lui demandait s'il lisait les œuvres des ses contemporains.

Ces illustres modèles fournissent peut-être la réponse à une question posée par la presse à propos d'un chimiste ex-soviétique, Yuri T. Struchkov, qui a publié 948 articles entre 1981 et 1990 : quand donc ce chercheur si prolixe a-t-il le temps de prendre connaissance des résultats trouvés par ses collègues? La réponse est aussi simple que le mouvement perpétuel. Plus grande est la proportion d'articles signés de vous dans les rayonnages des bibliothèques, moins grand est le temps nécessaire pour vous informer de ce qu'ils contiennent. À la limite, vous faites parfaitement votre travail en publiant sans cesse et en ne lisant plus rien.

Crochet conférentiel

Les séances des séminaires auxquelles les chercheurs se sentent tenus d'assister chaque semaine représentent une importante source de temps perdu. Les auditeurs, de peur de paraître incompétents, restent jusqu'au bout des conférences, même s'ils ont perdu pied dès la première minute. Pour limiter ce regrettable gaspillage tout en préservant la respectabilité scientifique individuelle de ses membres, l'Université Matchwell (Cologara) a installé dans chaque fauteuil de la salle de séminaires un système électronique ultrasensible. Sitôt que l'équilibre corporel interne de la personne assise est modifié par les premières atteintes de l'assoupissement, le système est mis en alerte : sans que rien soit perceptible de l'extérieur, il transmet une impulsion électrique au centre de régulation automatisé de l'Université. Lorsque la moitié des systèmes a transmis une impulsion, le courant est automatiquement coupé dans la salle de séminaires. Privé de micro et de lumière, le conférencier est contraint au silence, et la séance est levée. Ce procédé a fait ses preuves : depuis sa mise en application, le nombre de publications signées par des membres de l'Université Matchwell a augmenté de 12,5 pour cent.

Delenda logica?

Je ne suis pas censé traiter de politique, mais ce que je viens d'apprendre est grave : la Constitution des États-Unis d'Amérique est logiquement inconsistante. En notre temps, où il n'est même plus besoin de guerre pour faire disparaître un empire, la découverte d'un tel vice logique peut suffire à faire sombrer les États-Unis, à leur tour, dans l'inexistence. Je me devais donc de vous avertir.

L'information n'est pas tout à fait un scoop, mais ce qu'elle perd en fraîcheur, elle le gagne en sérieux. Elle provient d'un des plus grands logiciens du XXe siècle, Kurt Gödel. Dans l'*Album Einstein* (éditions du Seuil, 1989), une photo montre Gödel et Einstein à Princeton, en 1954, avec cette légende : «Einstein, dit-on, eut du mal à convaincre Gödel de jurer fidélité à la Constitution américaine en dépit des fautes de logique que celle-ci comporte.»

L'histoire se passe en 1948. Pour devenir citoyen des États-Unis, Gödel dut passer l'habituel examen. Ses témoins étaient Einstein et Morgenstern (le coauteur, avec von Neumann, de la théorie des jeux). Gödel se prépara très sérieusement, étudiant de près la Constitution américaine. La veille de l'audition, Gödel, très excité, vint trouver Morgenstern : «J'ai découvert une possibilité logique par laquelle les États-Unis pourraient devenir légalement une dictature.» Morgenstern pressa Gödel de garder sa découverte par devers lui pendant l'examen. Le jour de l'audition, l'officiel américain dit à Gödel : «Jusqu'à présent, vous avez été citoyen allemand.» Gödel le corrigea, expliquant qu'il était autrichien. «En tous cas, poursuivit l'officiel, c'était sous une affreuse dictature... Heureusement, cela n'est pas possible en Amérique.» «Au contraire, s'écria Gödel! Je sais comment cela peut se produire!» Non sans mal, les trois dissuadèrent Gödel d'exposer sa découverte, et l'audition put parvenir à la conclusion attendue.

Tirer au clair ce que ce genre d'anecdote a de véridique serait peut-être aussi ardu que de comprendre en profondeur l'œuvre de Gödel. Alors, agissons avec les anecdotes sur Gödel comme avec les théorèmes de Gödel : prenons ce que la tradition raconte de meilleur, et laissons aux spécialistes l'ennui des vérifications.

Partenariat patronymique

Il y a deux catégories de chercheurs : ceux qui ont la chance de s'appeler Simon Wolff, et les autres. Tel est l'enseignement d'un article de *New Scientist* (26 octobre 1991), dont l'auteur, bien sûr, signe Simon Wolff.

Certes, Simon Wolff a connu plus d'un revers de carrière. Oh, rien de rare! Des collègues moins convaincus que lui des mérites de ses travaux, c'est tout. Mais maintenant, la page est tournée, S. Wolff en a fini avec ce genre de déboires : il vient de trouver le truc. Imparable. La grande banalité de son nom lui permet en effet d'endosser la paternité de nombreux articles. Bien sûr, il ignore leur contenu ; hier encore, jusqu'à leur existence. Peu importe : pour nourrir un curriculum vitae, seule compte la longueur de la liste des références. S. Wolff a donc recopié dans le *Science Citation Source Index* les références de tous les articles dus à un S. Wolff, et les a annexées à son curriculum vitae qui, ainsi étoffé, a désormais une épaisseur et une variété propres à ouvrir les portes les plus élitistes.

Enthousiasmé par sa découverte astucieuse, S. Wolff semble ne pas en voir les limites. La pitié qu'il affiche à l'égard de celui qui aurait la malchance de s'appeler X. Gystrapoi est sans fondement. Rien n'empêche ceux dont le nom est trop rare de prendre un pseudonyme. Dupont (d) est galvaudé : il peut servir à de trop nombreux rivaux. Je suggère S. Wolff.

Le mathématicien Jacques Hadamard (1865-1963) raconte une anecdote révélatrice des démarches du mathématicien et du physicien. «Ayant obtenu un résultat très simple qui me semblait élégant, je le communiquais à mon ami le physicien Duhem ; il me demanda à quoi cela s'appliquait. Quand je répondis que, jusque là, je n'y avais pas réfléchi, Duhem (...) me compara à un peintre qui commencerait par peindre un paysage sans quitter son atelier et qui, ensuite, partirait se promener pour découvrir dans la nature un paysage s'adaptant à sa peinture. Ce raisonnement me parut correct ; mais en fait, j'avais raison de ne pas me soucier des applications : elles vinrent plus tard».

Depuis l'époque de Hadamard et de Duhem toutefois, l'informatique a réconcilié les démarches du physicien et du mathématicien. Voici comment. On reste dans l'atelier, on crée un paysage (une montagne fractale, par exemple), et on n'a pas besoin de sortir chercher dans la réalité un paysage qui s'adapte, car ce qu'on a créé est un paysage réel. Tel est le tour de force des «simulations» sur ordinateurs. Elles font désormais mieux que simuler la réalité : elles ont atteint le statut de réalités.

Vous a-t-on enseigné en classe le «théorème des gendarmes»? Si oui, c'est que vous êtes jeune. J'avoue avoir tout ignoré d'un théorème de ce nom jusqu'à ce que je tombe dessus, voici trois ou quatre ans, dans une copie d'étudiant. Mais alors là, depuis que je l'ai vu une fois, je l'ai vu mille fois (surmenage, surmenage...). Manifestement, cette appellation a été injectée dans l'enseignement secondaire à dose massive et avec plein succès.

Quel adepte du concret a décrété, là-haut, que, en bonne pédagogie, les théorèmes devaient être administrés aux élèves sous forme imagée, dût-on pour cela faire appel aux forces de l'ordre? Je m'interroge. Ce théorème, pourtant, aurait pu être laissé tranquille ; il n'a jamais troublé personne, lui qui se contente de dire – résultat on ne peut plus intuitif – qu'une fonction coincée entre deux fonctions qui tendent vers une même limite tend également vers cette limite. Bien obligée!

Ainsi incarnées grâce à un rapprochement parlant, les mathématiques seront-elles mieux aimées des élèves? Il est permis d'en douter. «J'ai beau avoir mon âge et être maire : quand je vois un gendarme, je ne suis pas tranquille.» (Jules Renard, *Journal*, 23 juin 1906.)

Délations honorifiques

Pour se préparer au prochain examen du Comité national d'évaluation, la présidence de l'université où j'exerce mes talents vient de faire passer une demande de renseignement, où on lit : «Je vous serai reconnaissant si vous pouviez indiquer les prix ou récompenses obtenus par vous-même depuis dix ans, et vérifier que les personnes de votre entourage qui ont reçu une distinction n'omettent pas de répondre».

Sage méthode! La modestie est fort répandue parmi nous : rares sont ceux à qui viendrait l'idée de faire état des honneurs qu'ils ont reçus. Et puis, la distraction aussi nous joue des tours. Tel de mes voisins de bureau, qui a à peine levé le nez de ses calculs au moment de l'attribution du prix Nobel, ne se souvient même plus si c'est lui qui l'a eu. Je vais me charger d'annoncer la bonne nouvelle au président.

Cependant, la procédure proposée contient le risque de redoutables perversions. Moi, par exemple, qui n'ai pas moins d'ennemis qu'un autre, comment vais-je me venger? En écrivant une lettre anonyme à mon président d'université, où je dénoncerai Dupont comme «Grand Officier de l'Ordre du Poireau». Grotesque : coulé, Dupont! Et Durand, qui a eu le poste que je convoitais? Ridicule : il est chevalier de l'Ordre de la Jarretelle, pardon de la Jarretière! Quant à Martin, il n'a plus rien publié depuis 20 ans – ce qui ne prive personne – mais savez-vous, Monsieur le Président – oh, il ne s'en est pas vanté – savez-vous qu'il vient d'être élu à l'Académie?

Sosie certain

Comme on le sait depuis les travaux de Shanomn, 175 paramètres suffisent à décrire exactement un visage d'homme. Compte tenu des diverses corrélations liant ces paramètres, le Laboratoire d'informatique humaine de l'Institut de technologie du Massachusetts vient d'en déduire, par le procédé de modélisation exhaustive, que le nombre de visages différents possibles est de 100 milliards. Ce nombre étant sensiblement égal au nombre d'êtres humains apparus sur Terre depuis le début de l'espèce, chaque homme a une probabilité très élevée – de l'ordre de 99 pour cent – d'avoir un sosie (simultané ou antérieur). Si la croissance démographique se maintient au rythme actuel, un sosie de Napoléon devrait apparaître dans les dix prochaines années.

LIEU COMMUN

Imaginons un romancier fatigué en fin de journée. Vraiment très fatigué, au point de se laisser aller à parler de «blanc manteau» ou de «tapis immaculé» (il s'agit, on l'a compris, de neige fraîche). Quelle honte le lendemain, en se relisant! Quelle fébrilité à se corriger! Notre romancier trouvera le moyen, à tout prix, d'éviter des images aussi éculées. S'il le faut, il découvrira quelque «noirceur secrète» à la neige. Le cas s'est vu.

Un scientifique n'a pas à s'imposer de telles contorsions. Que 2 et 2 fassent 4, c'est peut-être un lieu commun, mais s'il en a besoin dans un calcul, il ne va pas s'amuser à imaginer, pour faire original, que 2 et 2 ne font rien, et surtout pas 4, comme dirait Prévert. Je prends l'exemple de 2 et 2 parce que c'est le résultat dont ma mémoire garde la trace la plus assurée, mais l'affirmation vaut pour n'importe quelle loi ou théorème. Dès qu'une théorie scientifique est énoncée, elle acquiert le statut de lieu commun. Nul scientifique n'est censé l'ignorer. L'originalité du scientifique consiste à s'appuyer sur des lieux communs – c'est-à-dire sur l'ensemble des résultats antérieurs – afin d'aller plus loin – pour trouver un nouveau lieu commun.

Devinette : si la remarque qui précède est un lieu commun, peut-on savoir si l'auteur est scientifique ou littéraire?

CONVERSATEUR INFORMATIQUE

La dynamique industrie coréenne se prépare à commercialiser une invention qui soulagera maîtres et maîtresses de maison : un conversateur informatique aléatoire. Avant un dîner qui risque d'être languissant, on indique à l'appareil le nombre et le sexe des convives. Pendant que ceux-ci mangent en silence, l'appareil imite une conversation animée, compatible avec les mouvements masticatoires des lèvres. Il peut reproduire jusqu'à cent voix différentes, chacune disposant de mille répliques distinctes, soit un nombre quasiment illimité de conversations possibles. Grâce à son système expert intégré au programme stochastique, l'appareil simule, chez les interlocuteurs, une vive intelligence et un sens aigu de la réplique. On peut toutefois, en option, disposer aussi d'une tête de Turc.

L'ASTRAGALE

Dans sa pièce *Zoo*, Vercors présente l'inénarrable professeur Knaatsch qui, convaincu que la forme de l'astragale suffit à différencier l'Homme du singe, donc à définir l'Homme, passe sa vie entière à étudier cet os. Pour Knaatsch, aucun mystère : l'essence de l'Homme est dans cet astragale qui façonne sa cheville. «Qu'est-ce qui fait l'Homme? C'est la pensée. Qui a fait la pensée? C'est l'outil. Et l'outil? C'est la main. À quatre pattes, pas de main, non? Et pas de main, pas de pensée. Donc la pensée (*Il se frappe le crâne.*) c'est la station droite. Par conséquent, qui a fait la pensée? (*Il se frappe la cheville.*) C'est l'astragale. Pas à sortir de là!»

Knaatsch est un «spécialiste» typique... parce qu'il n'a pas conscience d'en être un : il est persuadé de vivre, travailler, penser au cœur de l'essentiel. Avoir un champ d'activité étroit ne suffit pas à caractériser le spécialiste (au mauvais sens du terme : «spécialiste borné»). Le spécialiste est celui qui, ayant perdu conscience du caractère non central de son activité, se figure qu'elle commande tout.

Ce qui définit le spécialiste, finalement, c'est qu'il n'a pas le sentiment d'avoir suivi, au cours de sa vie, des «orientations» : il est allé tout droit, il n'a fait que rester «là où ça se passe». Il a répondu à l'appel de l'essentiel et a donc l'impression de n'avoir jamais choisi. Si bien que, le cas échéant, il est incapable de se rendre compte que l'essentiel s'est, insensiblement, mué en dérisoire.

L'ÉVIDENCE EST-ELLE ÉVIDENTE?

Une démonstration est convaincante lorsqu'elle se réduit à une suite d'étapes dont chacune est évidente. Cela a été beaucoup dit, je ne le conteste pas. Toutefois, cette affirmation sous-entend que la notion d'évidence est... évidente. Elle ne l'est pas. Si Euler ou Cauchy ont admis des raisonnements que nous récusons aujourd'hui, c'est que l'évidence a changé. Cela mérite qu'on y songe. Contrairement à ce que sous-entend son étymologie, l'évidence est ce qu'on accepte sans y prêter attention, donc ce qu'on ne voit pas. D'où les risques : c'est peut-être dans nos évidences d'aujourd'hui que gisent nos erreurs futures.

Une démonstration mathématique est un discours qui emporte la conviction au moment même où il se tait : on ne peut l'expliciter plus, puisqu'il se ramène à une suite d'évidences! Quant à l'évidence expérimentale, elle mine les sciences de la nature de difficultés qui ne sont pas moins retorses.

Le statut de l'évidence est un problème connu en philosophie, mais je crois que les praticiens devraient, en tant que tels, réfléchir aux aspects spécifiques de l'évidence dans leur discipline. En outre, cet effort serait utile à leur enseignement. Lorsque les étudiants en sciences réclament (ce qu'ils font de plus en plus) des cours d'histoire des sciences, c'est un message plus ou moins conscient qu'ils lancent aux enseignants : ce qui va de soi pour vous, disent-ils, ne va pas de soi pour nous.

Reste une injustice. Un philosophe a tout à gagner à dire que l'évidence est un problème complexe : il renforce le statut de sa discipline en examinant le travail des autres. Le scientifique a tout à perdre : cet examen jette la suspicion sur ses découvertes. Désirant aller de l'avant sans fouiller le détail, il n'aime guère y penser...

Notre prix destiné au scientifique ayant manifesté la plus vive sensibilité poétique va aujourd'hui à M. Jules Carles, biologiste, auteur de la belle analyse que voici : «Dans *Booz endormi,* Victor Hugo nous fait un raccourci d'histoire assez surprenant lorsque, pour situer ces événements, il nous dit que «cela se passait dans des temps très anciens» :

La terre, où l'homme errait sous la tente, inquiet
Des empreintes de pieds de géants qu'il voyait,
Était mouillée encore et molle du déluge.

Puisque, d'après la Bible, Booz vivait cinq siècles après Abraham et que plusieurs siècles séparaient Abraham du déluge, nous pouvons en conclure que V. Hugo n'avait une notion précise ni du temps écoulé, ni de la vitesse d'évaporation de l'eau ou de sa tension de vapeur.» (Jules Carles, *Le premier homme*, Cerf Fides, 1994, p.7).

Pourtant, Victor Hugo, loin d'ignorer la physique, avait eu une nomination au Concours général dans cette matière. Le sujet de la composition portait sur la théorie de la rosée!

Allons, qui sait? S'il existait une épreuve d'humour au Concours général, peut-être M. Jules Carles aurait-il eu le premier prix...

Pour Toubon, tout est bon

Les scientifiques français devraient contribuer à l'effort national de repli sur soi, dont la loi Toubon préconisant l'emploi de la langue française est une illustration. Francisons tous les noms de lois et de théorèmes! Systématisons le procédé qui consiste à appeler «théorème de d'Alembert» ce que les étrangers appellent «théorème fondamental de l'algèbre», et à attribuer au seul Pasteur tout le mérite de la découverte de la vaccination.

Dans cet esprit, les lois de la gravitation s'appelleront lois de Voltaire. Certes, Newton les a énoncées le premier, ce qui est une belle contribution, mais leur diffusion est l'œuvre de Voltaire : n'est-ce pas beaucoup plus important? Quant à l'homme qui a fait vaciller Newton, ce sera Poincaré, bien entendu. Il s'en est fallu d'un rien pour que la relativité soit son œuvre, et non celle d'Einstein. Pourquoi nous priverions-nous d'un coup de pouce infime à l'histoire des sciences, alors qu'on voit tous les jours l'Histoire subir des distorsions de grande ampleur? La courbe de Gauss est évidemment celle de Napoléon, à cause de sa forme en chapeau. Et la psychanalyse a été inventée par le docteur Lacan, Freud n'ayant fait que commettre, suivant une formule célèbre, un «plagiat par anticipation».

Pourquoi ces plaisanteries? Pour réagir contre le plus gros travers de la loi Toubon : elle est triste.

Au sens de Popper – non le Popper de ceux qui l'ont lu, mais le Popper de ceux qui en ont juste entendu parler – au sens de Popper, l'astrologie est plus scientifique que l'astrophysique. L'astrologue me dit que demain je ferai fortune : je puis faire l'expérience, et voir si cela se vérifie. L'astrophysicien me dit que l'Univers est né voici quelques milliards d'années : je ne puis faire l'expérience.

Ainsi, les propositions de l'astrologie sont «falsifiables» – donc scientifiques. Pas celles de l'astrophysique!

SONDAGES IMBÉCILES

Il y a quelques années, l'idée d'organiser un référendum pour décider démocratiquement si Dieu existe m'avait amusé. Cette idée a été mise en pratique : je ne ris plus.

Le Monde consacre une double page à un sondage d'opinion sur les croyances des Français (12 mai 1994). D'après un échantillon de 1014 personnes, les Français ne croient guère en Dieu et pas beaucoup au Diable. Peu importe. Ce qui est grave, c'est qu'il y a à peu près autant de pièges que de questions, et que les commentateurs ne semblent pas en avoir conscience. Certaines questions emploient des mots trop chargés de sens (péché, se conduire bien, infidélité), sur lesquels il faut s'entendre longuement avant de parler. D'autres questions sont formulées de façon absurde. Exemple : «Êtes-vous d'accord avec la phrase suivante : on peut être guéri au cours d'un pèlerinage à Lourdes?» Je suppose que si je réponds oui, on me classera parmi ceux qui croient aux miracles – ce qui serait forcer ma pensée. Mais répondre non revient aussi à attribuer à Lourdes un pouvoir surnaturel – négatif cette fois : on ne peut être guéri si on va à Lourdes. Pourtant, rien n'empêche un traitement d'agir au moment d'un pèlerinage. En outre, faut-il nommer «miracle» un éventuel effet psychologique favorable, de type placebo?

Ainsi, les sondages d'opinion saccagent la langue : ils réduisent la pensée à des croix dans des cases. Foin de toute subtilité, foin de toute finesse! Ils saccagent aussi la science, car jamais personne n'a montré qu'il était légitime de faire subir un traitement statistique aux diverses représentations humaines du monde. Un croyant plus un athée, ce n'est pas comparable à deux sceptiques. Les sondages d'opinion sont la bêtise même, on ne les dénoncera jamais trop.

ÉCO-ILLOGIQUE

Liberté, que de crimes on commet en ton nom! Je suis de ceux qui ne font jamais le ménage sans écouter la radio. Eh bien, j'ai constaté que, instinctivement, lorsque l'émission est consacrée aux dangers de la pollution et aux efforts que chacun doit faire pour lutter contre elle, je double carrément la dose de détergent – quitte à devoir doubler ma consommation d'eau de rinçage!

Pardi, vais-je me laisser dicter ma conduite par un journaliste, lequel, peut-être, dramatise la situation rien que pour rendre son émission plus spectaculaire? Sûrement pas : je suis libre, moi, Monsieur, et garde mon esprit critique vis-à-vis de tous ceux qui me disent quoi faire.

Si on se doutait du nombre de réactions contraires que la moindre de nos paroles est susceptible d'engendrer chez ceux qui nous écoutent, personne n'aurait plus l'audace de dire un seul mot...

Chaque penseur a, je crois, sa façon de «perdre son temps». Perdre son temps, c'est se passionner pour un objet n'ayant rien à voir avec l'activité où l'on excelle, objet qu'il est de bon ton de mépriser chez les intellectuels.

Sartre aimait les westerns, Isabelle Stengers a rêvé à *Angélique, marquise des Anges*. Pierre Samuel a écrit sur les Amazones. J'ai vu l'historien François Furet malheureux d'avoir à prononcer une conférence au moment où était retransmise une finale de football. L'économiste Keynes prétendait que son ami, le mathématicien G. H. Hardy, serait devenu richissime s'il avait étudié les cours de la bourse avec autant de soin que les résultats du cricket...

Évidemment, il faut être très sûr de soi pour ne pas se cacher d'avoir un «vice». Pourtant, j'aimerais lire un livre où les penseurs de notre époque avoueraient leurs passions cachées. Pas pour dénigrer. Au contraire. La pensée est affaire d'hommes qui ont des désirs auxquels ils ne peuvent échapper, même s'ils les estiment «pas sérieux» ; la plus brillante intelligence ne va pas sans une contrepartie de bêtise.

Un tel livre rendrait la pensée des auteurs plus chatoyante, plus attirante que cette paralysante procession de grands hommes parfaits, qui, de l'Antiquité à nos jours, nous regardent sévèrement et pointent sur nous un doigt accusateur sitôt qu'ils nous surprennent en flagrant délit d'activité indigne du glorieux statut de penseur.

«Une théorie scientifique est bien développée si n'importe quel imbécile peut l'exploiter avec succès», écrit René Thom dans sa préface à *La dynamique qualitative en psychanalyse* de Michèle Porte (PUF, 1994). Voilà un idéal qui n'a rien d'exaltant. On comprend que Thom s'empresse de manifester son scepticisme quant aux chances de la théorie des catastrophes d'accéder jamais à ce stade!

En fait, je doute qu'une théorie puisse donner de véritable succès à un imbécile. «Un sot savant est sot plus qu'un sot ignorant», disait Molière. Le tout, bien sûr, est de s'entendre sur ce qu'on appelle un succès. Quoique désabusée, l'affirmation de Thom exprime sa foi dans le progrès. Je me sens plus proche de la conception de Jean-Marie Guyau (1854-1888) : «Vincent de Paul avait sans doute le cerveau rempli de plus de rêves faux que M. Homais ; mais il s'est trouvé que la petite portion de vérité contenue dans ses rêves a été plus féconde que la masse de vérités de sens commun saisies par M. Homais.» (*Esquisse d'une morale sans obligation ni sanction*, rééd. Fayard, 1985.)

Personne ne contestera la vieille remarque : «On peut dire tout et le contraire de tout.» Faisons-la nôtre alors, et appliquons-la – pourquoi pas? – à elle-même. Nous pouvons dire le contraire de la remarque. À savoir : «On ne peut pas dire tout et le contraire de tout.»

Conclusion : la phrase est autocontradictoire. On ne peut donc pas la prononcer!

Cela rappelle une boutade connue – et subtile : ce qui caractérise une idée profonde, c'est qu'elle soit vraie, et que l'idée opposée soit vraie également.

En déduira-t-on que la remarque initiale est profonde?

Staline et l'algèbre

L'art du superlatif est délicat. Combien d'auteurs, ayant abusé des adjectifs grandiloquents, ont payé le prix fort : le ridicule!

Pareille mésaventure a été subie par un individu qui, d'habitude, ne fait pas rire : le camarade Staline. On raconte que, voulant déprécier quelqu'un, Staline s'est exclamé : «Celui-là, c'est un zéro! Pire qu'un zéro : une quantité négative! Pire encore qu'une quantité négative : une quantité négative au carré!»

Les règles de l'algèbre élémentaire étaient-elles à rejeter, comme science bourgeoise?

La qualité, je suppose que vous êtes pour... Eh bien, vu le numéro de *La Jaune et la Rouge* sur ce thème (n° 490, décembre 1993), j'hésite. D'abord, si la qualité est le premier souci des auteurs, leur style ne le montre guère. «La culture qualité des sociétés de notre groupe», «les opportunités de croissance», «les acquis de la culture assurance qualité introduite dans l'industrie», «la diffusion des concepts qualité dans l'industrie française» : voilà des formules qui ont de quoi dégoûter de la qualité.

Mais surtout, le numéro comprend un article intitulé «Qualité armement». Écrit dans la même langue de bois technocratique, il est aussi insipide que les autres articles. Le lecteur doit faire un effort pour se souvenir que l'unité de mesure de la «qualité armement» serait quelque chose comme le nombre de morts par million de francs dépensés.

On l'a beaucoup dit, mais, visiblement, il faut le répéter. Une honte de notre siècle est d'avoir rendu la mort abstraite. Quand on tue au fil de l'épée, on sait qu'on est en train de tuer. Quand on appuie sur un bouton surveillé par un écran de contrôle, on ne le sait plus. Le massacre prend alors des proportions industrielles, et non plus artisanales.

Comme tout concept amené à un point excessif d'abstraction, celui de «qualité» peut servir au pire.

Vision sous un angle obtus

Le verbe latin *tundere*, «battre à coups répétés», a eu beaucoup de dérivés, d'où une riche descendance en français.

Obtundere, «battre une arme pour en émousser la pointe», d'où, au figuré, «diminuer», «affaiblir», a donné en français le mot «obtus» ; *Stundere*, «s'appliquer à», «poursuivre le même travail comme le forgeron qui bat longuement le fer», a donné «étudier», d'où dérive «étudiant» ; *Stupere*, «être saisi d'engourdissement après un choc», a conduit à «stupeur» et à «stupide» (F. Martin, *Les mots latins*, éditions Hachette).

Évidemment, lorsque, pour apporter quelque distraction, on se mêle d'expliquer à un amphi que le mot «étudiant» a la même étymologie que les mots «stupide» et «obtus», on risque de blesser. Rien n'est plus facile que de corriger cette impression : il suffit de rappeler à l'amphi que les professeurs ont, en règle générale, beaucoup étudié...

Toi aussi, mon fils...

L'enfant est source de tourments pour ses parents. Freud lui-même avouait son impuissance : «Quoi que vous fassiez, vous ferez mal», répondit-il à une mère qui lui demandait des conseils pédagogiques. L'École de psychanalyse de Palo-Alto a beaucoup glosé sur les injonctions paradoxales des parents intimant aux enfants : «Soyez indépendants.» Cet ordre du même type que «désobéissez-moi» plongerait les enfants dans un débat interne dont leur psyché ne ressortirait pas indemne.

Le meilleur exemple d'enfant n'ayant jamais cessé de tourmenter ses parents, c'est le Christ. «Sa conception ridiculise son père. Sa mère accouche dans des conditions déplorables. Joseph et Marie doivent s'exiler pour lui éviter le massacre décrété par Hérode. Jésus fugue à onze ans pour aller faire la leçon aux docteurs de la Loi du temple de Jérusalem. Enfin, il est condamné et ignominieusement exécuté à trente-trois ans.»

Je ne cite pas là une caricature due à quelque anticlérical narquois, mais une remarque faite par deux psychanalystes, dont l'un enseigne à l'Université catholique de Paris (Jean-Pierre et Laetitia Chartier, *Les parents martyrs*, Payot, 1993). Les traits les plus perfides proviennent toujours de l'intérieur...

Pour certains héritiers de Roland Barthes, le grand art consiste à analyser une publicité, à dévisser magistralement les présupposés qu'elle recèle et à montrer que notre société tout entière est implicitement contenue dedans. Plus la publicité est niaise, plus l'exercice permet de briller.

Qu'on me permette de protester contre ces efforts de l'intelligence jouant à se déployer souverainement dans les circonstances médiocres. Stupide ou astucieuse, une publicité reste une entreprise de manipulation. Lui refuser cet aveu subreptice d'admiration qu'est une analyse brillante, lui refuser le concours de nos propres neurones, est peut-être une attitude plus digne que de faire assaut de subtilité pour l'analyser.

Jadis, on avait peu de scrupules pour faire des coupures dans les œuvres «trop longues», fussent-elles dues à des plumes célèbres. Puis ce genre de pratique a été jugé répréhensible, et proscrit. La manie des *Œuvres complètes* a alors sévi. Exhumer l'intégralité de textes oubliés a servi de manne à l'édition. Que de pages indigestes subies par le lecteur trop confiant dans les introductions péremptoires : «Voici une œuvre qui ne prend sa dimension véritable que lue intégralement»!

Aujourd'hui, on en rajoute encore sur la consommation de culture : on publie des *Œuvres surcomplètes*! La moindre variante, la moindre esquisse, tout ce que l'auteur a finalement rejeté, est présenté en note au lecteur. De sorte que l'appareil critique des livres de La Pléiade sera bientôt plus épais que le texte proprement dit. Mieux : les notes préparatoires à *La vie mode d'emploi* sont désormais disponibles, en édition luxueuse, séparées du texte publié par Perec. Ce n'est pas là lui être «fidèle». L'écrivain doit trancher à un moment : «Voici ce que je présente au public, voilà ce que je garde par-devers moi.» Ses notes n'ont de sens que pour les spécialistes. Offertes au grand public, elles ne flattent que le snobisme.

Si tous les artistes étaient soumis à ce procédé, on irait au music-hall pour que les jongleurs fichent tout par terre : n'est-il pas instructif de les voir avant qu'ils ne soient au point? On irait au concert pour écouter un artiste faire ses gammes (l'acquisition de la virtuosité ne mérite-t-elle pas attention?) ou pour écouter un orchestre enfiler, les unes à la suite des autres, les esquisses successives d'une symphonie rabâchée : n'est-ce pas une façon de la rajeunir?

EN ATTENDANT GÖDEL

« En 1931, Gödel porta le coup fatal à la vision totalitaire des mathématiques. C'était trop tard pour arrêter le troisième Reich.» Ainsi parle Colin Hannaford, directeur de l'*Institute of Democracy from Mathematics* d'Oxford. À l'en croire, si les mathématiques avaient été correctement enseignées, les drames qu'a connus l'Europe auraient été évités. Il propose qu'elles soient enseignées de façon à ne plus servir contre la démocratie.

Considérer que le destin de l'Allemagne a tenu à Gödel, ce n'est pas une opinion : c'est une lubie. Il y a ainsi des gens qui se figurent que tous nos maux viennent d'une source unique. Pour eux, si l'histoire humaine est une succession de drames, c'est parce qu'il y a un «truc qui coince». Ce truc, naturellement, ils l'ont trouvé : qu'on suive leurs directives, et l'histoire atteindra l'équilibre, les drames cesseront. L'un prône l'amour universel, l'autre la méditation, et ce troisième, la démocratie par les mathématiques.

Je ne doute pas des bonnes intentions de Colin Hannaford, celles dont l'enfer est pavé. Car il n'y a pas que les utopistes pour partager sa conception simpliste de l'histoire : il y a aussi les tyrans. Combien ont assis leur pouvoir sur la haine d'un bouc émissaire, qu'il suffira d'éliminer pour que, désormais, tous les problèmes soient résolus?

Il faut de tout dans une démocratie – y compris des gens qui refusent obstinément qu'on leur enseigne les mathématiques!

Persona non grata

Je reçois l'annonce d'un congrès qui va se tenir aux États-Unis. Il sera question des espaces de von Neuperson, de l'hypothèse de Rieperson, de la théorie de Boltzperson. Le concert de détente proposera des œuvres de Schuperson et de Teleperson.

C'est que les groupements «man» ou «mann», fréquents dans les noms propres, signifient «homme» en anglais et en allemand. Pour ne pas donner prise à l'accusation de discrimination fondée sur le sexe, l'organisateur les a remplacés par un groupement non sexiste : «person».

Qu'on me permette une opinion personnelle sur ce sujet sensible : la *political correctness* aux États-Unis va trop loin.

Chagrin d'humour

Tout a été fait. Je suppose donc que quelqu'un a étudié le stress de l'homme à qui on est en train de raconter une histoire drôle. «Vais-je comprendre ou vais-je me montrer lamentablement balourd? Vais-je rire trop fort et dévoiler mon indécrottable vulgarité?», etc.

En disant et répétant tout au long de *L'invention des sciences modernes* (éditions La Découverte, 1993) qu'elle parle des sciences avec humour, Isabelle Stengers ne met pas son lecteur à l'aise. «Saurai-je rire aux endroits drôles?» ne cesse-t-il de se demander avec inquiétude...

Eh bien, autant l'avouer : je n'ai pas ri une seule fois. Est-ce à dire que ce livre dépasse mes facultés? Je ne veux pas le croire. Ne serait-ce que pour mon confort personnel, je préfère penser que c'est I. Stengers qui a échoué dans le programme qu'elle s'est fixé. Pis : je me permets de trouver que son style n'est pas précisément celui de la légèreté.

I. Stengers n'est pas la première philosophe à se réclamer de l'humour. Faut-il voir là, tout bêtement, l'expression de l'éternel regret de n'être que ce qu'on est, l'humoriste rêvant en vain d'être admiré aussi pour sa profondeur, le philosophe rêvant en vain de passer aussi pour plaisant?

Quoi qu'il en soit, même si elle déteste l'ironie, I. Stengers devrait savoir que la meilleure (c'est-à-dire la pire!) façon de manquer d'humour, c'est d'annoncer qu'on en a.

Anticiper l'erreur

Ce qui peut arriver de mieux à un scientifique, c'est de publier un article erroné. Il n'a plus, en effet, qu'à publier un rectificatif, d'où finalement deux publications de plus à son actif, au lieu d'une seule si son article avait été correct d'emblée.

Cette procédure a cependant un défaut : le risque que des chercheurs s'appuient sur un article faux, sans savoir qu'un rectificatif est venu le contredire ultérieurement.

L'Académie royale de Poldévie vient de trouver un moyen de pallier cet inconvénient, sans pour autant léser les chercheurs relevant de sa juridiction. Ces derniers conservent leur droit à deux articles par erreur, mais l'académie leur a intimé l'ordre de publier désormais leurs rectificatifs avant leurs articles faux. Ainsi, le rectificatif pourra être indiqué en bibliographie dès la parution de l'article faux, et nul ne sera plus censé l'ignorer.

Kierkegaard fossilisé

«Moi aussi j'aurai mes puces», aurait dit Giono, faisant allusion aux inévitables biographes et commentateurs qui ne manqueraient pas de *gratter* sur sa vie et sur son œuvre. Moins attendue, et plus affreuse, est la mésaventure survenue à Kierkegaard. Pire qu'avoir des puces est *devenir* arthropode! On vient en effet de découvrir le fossile d'un arthropode étrange, ni araignée ni crustacé, dont l'aspect (selon le paléontologue qui en a fait la description) «présente tous les dehors de l'abstraction» (sic). Or Kierkegaard déplorait l'insuffisance de l'abstraction dans la pensée humaine. Le paléontologue a donc donné à ce fossile le nom aussi élégant que spirituel de *Kerygmachela kierkegaardi.*

Scène de famille. Le paléontologue joue au portrait chinois avec ses enfants. Il pense à un arthropode. Pour deviner auquel, les enfants demandent : «Si c'était un philosophe?»

Il est bon que la philosophie et la science viennent ainsi en conjonction, cela soulage la mémoire : pour se remémorer la pensée de Kierkegaard, il suffit de se remémorer la description du fossile – et inversement. Il faudrait donc généraliser ce procédé. Ainsi, les particules dont les physiciens théoriciens connaissent la nature avant même qu'on ait réussi à les découvrir s'appelleraient des *anti-sartrons*, en hommage inversé au philosophe qui pensait au contraire que l'existence précède l'essence. (Resterait à découvrir le *sartron*, ce qui vaudrait un prix Nobel à celui qui y parviendrait.) Quant aux supernovae et superamas, on pourrait sûrement leur trouver un petit air nietzschéen...

Jeu. Choisir un philosophe, puis chercher la réalité matérielle qui figure au mieux la pensée de ce philosophe. Inversement, choisir un fait matériel, puis chercher de quel système philosophique il est la concrétisation.

L'exercice de contraction de texte s'est acquis un statut enviable dans l'enseignement littéraire. À juste titre : la meilleure preuve qu'un individu a compris un texte ne réside-t-elle pas dans son adresse à en faire un résumé correct?

Il est étrange que les littéraires aient, mieux que les scientifiques, compris que, en nos temps pressés, l'aptitude à ne retenir des choses que l'essentiel est une vertu cardinale. Que les scientifiques, donc, s'inspirent des littéraires et, eux aussi, entraînent leurs élèves à la pratique de la contraction! Je me vois très bien, un jour d'examen, distribuer à chaque candidat un exemplaire de ce classique entre les classiques que sont les *Tables de logarithmes* de MM. Bouvart et Ratinet, en donnant pour tâche aux candidats de faire de ces *Tables* un «résumé en environ 500 chiffres»...

LOIS DU SPORT ET DE LA PENSÉE

Lisez une interview donnée par un sportif vainqueur d'une compétition : il ne tarit pas d'éloges sur ses adversaires. Lisez une interview donnée par un penseur : il dit pis que pendre des autres penseurs connus sur la même place que lui.

Les sportifs seraient-ils plus vertueux que les penseurs? Non. Mais, comme dit Montaigne : «Par divers moyens, on arrive à pareilles fins.» La victoire du sportif prend d'autant plus d'éclat que ses concurrents vaincus ont été valeureux. En revanche, un penseur ne peut jamais se reposer sur la satisfaction d'une victoire incontestable. Dans son domaine, aucun arbitre ne désigne le vainqueur ; aucune réalisation indiscutable ne matérialise la supériorité d'un système de pensée. Il n'y a donc qu'une façon de faire : débiner les concurrents. La pensée est moins objective que le sport, le pugilat est donc plus intimement constitutif de la pensée qu'il ne l'est du sport.

Les ouvrages de rhétorique omettent de répertorier une figure de style qui, pourtant, n'est peut-être pas si rare que ça. N'étant pas féru de grec, je donnerai à cette figure le nom de «faute d'orthographe emphatique». Sans doute quelque helléniste facétieux saura-t-il lui trouver une désignation plus ronflante.

Voici un exemple de cette figure, tiré du *Rapport de conjoncture 1992*, publié par le CNRS (chapitre «Mathématiques») : «Le gigantesque programme de classification des groupes finis simples, engagé depuis les années 1960, a été mené à son terme (des centaines de participants dans une dizaines de pays, peut-être dix mille pages de démonstration!)».

Oui, le *Rapport* écrit : «une dizaines». Faute d'impression? À mon avis, non : faute d'orthographe, qui s'explique par l'enthousiasme du rapporteur. Le programme est si gigantesque qu'il mérite non seulement un point d'exclamation (pourtant rare chez les mathématiciens hormis les factorielles), mais encore l'assimilation implicite de «une dizaine» à «des dizaines».

Autre exemple de faute d'orthographe, celui-là misogyne. Dans l'introduction aux œuvres complètes de Borel, Maurice Fréchet rapporte qu'Émile Borel et Paul Valéry déjeunaient régulièrement, pour parler mathématiques. «Sans mondains et sans femme», insistait Paul Valéry. Une seule femme aurait-elle tout gâché, alors qu'il fallait plusieurs mondains pour le faire?

D. Hayes, obsédé textuel

L'histoire des sciences regorge de cas où un premier savant fait une découverte, mais n'en saisit pas véritablement la portée, laissant ainsi à un second savant tout l'honneur et toute la gloire. Je me présente sous les traits du second...

Dans le rôle du premier, le professeur Donald Hayes, de l'Université de Cornell. Il a eu l'idée intéressante de mesurer l'opacité des textes scientifiques. À cette fin, il «a mis au point une échelle qui, en se fondant sur la fréquence d'utilisation des mots rares, permet de mesurer la lisibilité d'un texte. À partir d'une base zéro (valeur assignée à la presse anglaise internationale), D. Hayes a défini une échelle de valeurs, positives pour les articles où les mots rares apparaissent fréquemment (*sic*), négatives dans le cas contraire». Le professeur Hayes prouve ainsi scientifiquement que les articles scientifiques sont incompréhensibles au commun des mortels. Il peut même quantifier cette incompréhensibilité et montrer qu'elle a augmenté au cours des années.

La pertinence du critère découvert par le professeur Hayes ne fait aucun doute ; plus les mots d'un texte sont simples, plus le texte est d'accès aisé. J'interviens ici : appliquons cela aux mathématiques. Que trouvons-nous dans un texte mathématique? Peu de mots rares, que les mathématiciens n'aiment guère, et beaucoup de mots simples : espace complet, fonction continue presque partout, module plat, faisceau flasque, inversion locale, résidu, limite uniforme, solution triviale, idéal à gauche, noyau, anneau intègre, corps parfait, famille libre, groupe ordonné... Je ne suis pas sans m'être laissé dire que ces mots prennent, sous la plume des mathématiciens, un sens différent de celui que leur donne l'usage courant, mais c'est là un point de détail, dont la prise en compte compliquerait inutilement l'utilisation du critère de D. Hayes.

Le pourcentage d'occurrences de mots rares étant sensiblement le même dans un article de mathématiques et dans un article de votre quotidien favori, l'étude des mathématiques est d'une difficulté comparable à la lecture du journal. CQFD.

Faire mourir le héros pour achever le roman est une facilité dont usent les romanciers. On leur a souvent reproché d'en abuser, sans toutefois, semble-t-il, vérifier ce qu'il en était exactement.

Cette lacune est aujourd'hui comblée, grâce à une thèse universitaire qui a su mettre les méthodes scientifiques modernes au service de la critique littéraire. Mais à quel prix! L'impétrant consacre un chapitre entier de sa thèse, intitulée *Psychologie du roman, roman de la psychologie. L'auteur trahi par ses personnages*, à évaluer avec précision la propension des romanciers à tuer leurs héros pour terminer leurs livres. À cette fin, il a constitué un stock de 1 650 romans formant un «échantillon représentatif de la littérature romanesque contemporaine». Ordinateurs, tests du khi deux et intervalles de confiance à l'appui, notre thésard mesure le pourcentage de décès parmi les personnages principaux de ces romans. Il trouve 67,05 pour cent, ce qui, conclut-il, «est significativement supérieur au pourcentage observé dans la réalité.»

Ultima ratio regum!

Depuis Athéna, fille de Zeus, jusqu'au chanteur Carlos, fils de la psychanalyste Françoise Dolto, les enfants de personnages illustres deviennent souvent eux-mêmes illustres. Quitte, s'ils manquent d'indépendance vis-à-vis de leurs parents, à labourer les mêmes champs : ainsi les Bernoulli, mathématiciens de pères en fils et d'oncles en neveux, ou les Dumas, Alexandre de père en fils.

Ce phénomène, qui a longtemps intrigué, est désormais éclairci : la célébrité est d'origine génétique. Une équipe de chercheurs de l'Université de Hollywood vient de mettre en évidence le gène de la célébrité. Être porteur de ce gène augmente d'un facteur dix les chances de devenir célèbre. Ainsi, contrairement à la stérilité, la célébrité est héréditaire.

Le cas favorable

Le crocodile, si habile à happer ce qui bouge et passe à sa portée, semble incapable de voir ce qui est immobile. D'où l'efficacité de la tactique consistant à faire le mort, plutôt qu'à fuir.

On ne sait jamais quelles rencontres on peut faire : ce renseignement, tiré de *L'empreinte des sens* de Jacques Ninio (réédition Odile Jacob, 1996) est bon à retenir. Pourtant, le livre de J. Ninio n'est pas à mettre entre toutes les mains. Imaginons qu'un théoricien tombe dessus. On peut être théoricien et ignorer la zoologie, mais on ne peut pas être théoricien et lire un ouvrage sans en tirer une méthode.

Méthode, donc, pour déterminer si tel animal est ou non un crocodile. Allongez-vous à côté, et abstenez-vous de tout mouvement. De deux choses l'une.

– Ou l'animal vous laisse tranquille. Il peut alors s'agir d'un crocodile. Mais il peut s'agir d'un autre animal, un animal inoffensif par exemple. La méthode ne permet pas de conclure. Le théoricien appellera donc ce cas «le cas douteux».

– Ou l'animal vous mange. C'est alors une certitude : l'animal n'est pas un crocodile. Là, la méthode aboutit à une conclusion sûre, montrant ainsi toute sa puissance. Le théoricien appellera donc ce cas «le cas favorable».

Un nouveau virus a été découvert chez les théoriciens du cybermonde : le N.E.D. La revue *Écrire & Éditer* (janv.-fév. 1996) l'a mis en évidence.

Le N.E.D., c'est le tic de langage – et de pensée – qui consiste à dire à tout bout de champ «Nous Entrons Dans...»

Exemples, tirés de l'échange entre J. Attali et A. Finkielkraut («La guerre du virtuel et du réel», *Le Nouvel Observateur*, 9-15 novembre 1995) :

Nous entrons dans une société du nomadisme des objets, des valeurs, du travail.

Nous entrons dans l'ère de la mobilisation totale.

Nous entrons dans un monde de masques et de labyrinthes.

Nous entrons dans un village planétaire.

Nous entrons dans l'ère de l'écran total.

Nous entrons dans un monde d'une plus grande diversité que par le passé.

Au cours de ce brillant échange, Finkielkraut a battu Attali par 6 N.E.D. à 4. Qu'importe. Ces penseurs sont l'un et l'autre à la pointe des modes intellectuelles. Conclusion : nous entrons dans l'ère du N.E.D. *Q.E.D.*

HADAMARD, MATHÉMATICIEN TYPÉ

Quiconque a fait ses études en français se souvient du rébus suivant :

dont la réponse est : Le roi Pépin, sans air, sans eau, sans lit, sans pain, ayant perdu le peu qui lui restait, gémit tout seul dans un coin.

Qui est l'auteur de ce rébus prodigieux? C'est Jacques Hadamard! Oui, le fameux mathématicien qui, voici 100 ans, à Bordeaux où il était alors en poste, démontrait le théorème des nombres premiers.

Hadamard (1865-1963) avait bien d'autres intérêts que les rébus et les mathématiques. Montagnard et voyageur infatigable, polyglotte, botaniste, chasseur de serpents intrépide, il était également musicien. Hélas, il partageait un défaut avec Einstein : il était incapable d'aller en mesure. Lorsque Einstein, de passage à Paris, se joignait à l'orchestre amateur et familial monté par Hadamard, la fille de Hadamard, Jacqueline, était chargée de maintenir Einstein dans le tempo correct – dût-elle, pour sa part, n'avoir le temps de jouer qu'une note sur huit!

Quant au péché mignon des mathématiciens, la distraction, qu'on se rassure : les anecdotes ne manquent pas. Le soir des fiançailles de Hadamard, sa mère s'étonne de retrouver la bague dans la poche du jeune homme : il avait oublié de la donner à sa future. Le mariage eut lieu quand même. Si bien que, quelques années plus tard, Paul Painlevé, rencontrant Hadamard boulevard Saint-Michel, lui dit : «Votre femme est déjà partie en vacances, à ce que je vois.» «Mais comment le savez-vous?», demande Hadamard. «C'est que votre cravate est derrière votre oreille droite.» Hadamard ne fut jamais capable de s'habiller seul.

Enfin ce n'est pas Poincaré qui a servi de modèle pour le Savant Cosinus. C'est Hadamard.

Sujet d'examen en électrostatique : telles et telles charges électriques étant réparties aux sommets d'un triangle, déterminer les champs et les potentiels créés par elles. Pour l'application numérique, l'énoncé donne les valeurs des grandeurs physiques intervenant, ainsi que les valeurs approchées de $\sqrt{2}$, $\sqrt{3}$ et $\sqrt{5}$.

Or, l'auteur est formel : dans les calculs, n'interviennent ni $\sqrt{3}$ ni $\sqrt{5}$. Pourquoi l'énoncé fournit-il leurs valeurs approchées, alors? Parce que, sinon, «les candidats auraient su tout de suite qu'ils n'avaient que $\sqrt{2}$ à utiliser». L'épreuve aurait été trop facile. Certains candidats, donc, auront été gênés par les indications superflues qu'on leur donnait.

Voilà qui, à sa modeste échelle et de façon toute symbolique, confirme une loi que notre société, idolâtre de l'information, ne veut pas voir : qui sait le plus, peut le moins. Nous sommes presque tous des accros de l'information ; nous en consommons chaque jour pendant des heures entières. Ce n'est pas pour autant que notre liberté d'action ou notre intelligence des situations en sont le moins du monde augmentées.

LIT DE PROCUSTE-MATHÉMATIQUE

André Lichnerowicz, je crois, expliquait qu'une difficulté de sa vie de mathématicien, c'était de convaincre sa femme qu'il pouvait fort bien se trouver allongé sur son lit, les yeux fermés, tout en étant en train de travailler intensément. David Ruelle pratique le même exercice de divan créateur.

Cette curieuse façon de faire ne doit pas être exceptionnelle dans la profession. A preuve, le souvenir suivant raconté par Michel Philippot. Pendant une grève au CNRS, Michel Philippot, alors conseiller scientifique, rend visite au Directeur du CNRS. Avisant un groupe de personnes errant là, il demande : «Ils sont en grève?» Réponse du Directeur : «Je n'ai jamais pu reconnaître un mathématicien qui travaille d'un mathématicien qui ne travaille pas» (*Actes de la Table Ronde du 3 juin 1994*, Laboratoire Musique et Informatique de Marseille).

Ainsi les mathématiciens sont privés du droit de grève, puisqu'il n'est même pas «reconnu» par le Directeur du CNRS! Comment faire alors pour leur garantir l'exercice de cette liberté fondamentale?

Je vois une solution. Certains grévistes, pour rendre leur colère plus spectaculaire, manifestent en brandissant leurs instruments de travail. Que les mathématiciens grévistes défilent donc dans la rue allongés sur leurs lits, à la romaine.

La retenue des Marseillais

La réputation que les Marseillais ont d'exagérer est-elle justifiée? Question complexe, qu'on ne peut pas résoudre sans scruter les données numériques. Car exagérer consiste aussi bien à augmenter un chiffre qu'à le diminuer. La même manifestation, par exemple, où un policier a vu à peine trois chats, un syndicaliste y a vu une marée humaine. Du policier et du syndicaliste, l'un au moins exagère. Et si tous les deux le font, cela ne les met pas d'accord, puisqu'ils ne vont pas dans le même sens.

Participation à la manifestation du 16 décembre 1995. Paris. Police : 56 000. Organisateurs : 300 000. Si le nombre véridique reste inconnu, cela n'empêche pas de déterminer le coefficient d'exagération corrélée du policier et du syndicaliste parisiens. Il est de 5,4 : quand le syndicaliste parisien voit passer 5,4 adhérents, le policier parisien ne voit qu'un opposant.

Participation à la manifestation de ce même jour. Marseille. Police : 60 000. Organisateurs : 120 000. Le coefficient d'exagération corrélée du policier et du syndicaliste marseillais est donc de 2 : quand un policier marseillais voit passer une personne, le syndicaliste en voit deux.

Ainsi la réputation des Marseillais n'est pas justifiée. Car si, comme il se doit, on se fonde sur Paris, leur taux d'exagération rapporté à la norme n'est que de 2/5,4 soit à peine 0,37.

Et vous, que multipliez-vous? Moi, c'est l'information. L'Union européenne me sert en effet un abonnement gratuit réservé à quiconque est «multiplicateur d'information (journaliste, enseignant ou autre multiplicateur)» (*sic*). Hélas, chaque fois que je reçois un nouveau texte, mon accablement est le même : rédigé dans une insupportable langue de bois, il est illisible.

Les textes paraissent simultanément dans les onze langues de l'Union. Mais attention! Ces langues sont réputées égales. Pas question de considérer une des versions comme l'originale! Cela réduirait les dix autres au rang subalterne de traductions. Si bien que chaque version relève d'un statut étrange : celui de l'épiphénie, c'est-à-dire la manifestation terrestre d'un original à jamais absent.

Ainsi chargés de révéler l'ineffable, les auteurs ont un rôle de prophètes. Or, je crains fort que, recrutés comme simples traducteurs techniques, ils ne soient entraînés à privilégier la fidélité (fidélité à quoi?) sur la beauté. Tant qu'il en ira ainsi, l'Européen de base renoncera à lire les papiers qu'il reçoit. L'Europe ne deviendra attrayante que quand ces rédacteurs, gagnés par le souffle, seront soucieux de la seule beauté.

Certes, les querelles nées des divergences d'interprétation d'une langue à l'autre abonderont alors. Mais ne nous inquiétons pas : ces querelles ne forment-elles pas depuis toujours une des activités favorites de l'humanité?

VALEURS DE PANIQUE

Si la panique était cotée en bourse, je vous conseillerais de vendre vos actions «Effet de serre». Après quelques années de forte hausse, cette panique-là semble sur le point de redescendre à un cours plus modéré. Je ne manquerai pas de vous donner des conseils d'achat dès que j'aurai des tuyaux. À mon avis, la valeur «Guerre mondiale» pourrait bien repartir. Ne négligez pas non plus la valeur «Épidémies», qui reste un placement sûr au marché de la panique.

Toutefois, si vous avez les reins assez solides pour spéculer à long terme, la valeur «Effet de serre» n'a sûrement pas dit son dernier mot. Un étrange phénomène psychologique la fera renaître, sous une forme ou sous une autre. C'est que, mégalomanes comme nous sommes, la peur de mourir asphyxiés dans une atmosphère devenue irrespirable par notre faute est plus flatteuse que l'obligation de constater, le cas échéant, que notre débauche d'industries polluantes a des conséquences secondaires sur l'équilibre écologique de la planète...

Non, il ne s'agit pas toujours d'une question de goût personnel. Il arrive – souvent – que l'acheteur d'un livre, furieux après sa lecture, ait la certitude de s'être fait rouler : l'ouvrage est absolument indigne des lauriers que lui tresse la critique.

Et d'invoquer le système de copinage. Ou de blâmer la paresse des critiques. Voire de suggérer qu'ils soient astreints à payer de leur poche les ouvrages dont ils rendent compte : qu'ils aient au moins une bonne raison de s'inquiéter de savoir si chacun vaut bien les 100 ou 200 F qui en sont demandés.

J'ai peur que le problème ne soit plus complexe. Imaginez le désastre psychologique du malheureux critique découvrant soudain que sa vie s'épuise en explorations inutiles, que «c'était pas la peine», que sa carrière s'achèvera sans qu'il ait eu la chance de découvrir le génie du siècle. Quand il pioche dans la famille Grands Adjectifs – langue Superbe, talent Somptueux, personnages Inoubliables – il ne fait qu'adapter à son cas une maxime générale de Cioran : «La vie n'est tolérable que par le degré de mystification que l'on y met.» Plus les adjectifs sont ronflants, plus la distance entre lui, critique, et le centre du monde lui paraît faible. Plus il a conscience de son importance. «Faire provision de bémols avant de lire une critique», conseillerait Flaubert.

Le paradoxe de l'oubli

«L'histoire de la prévision économique se confond le plus souvent avec celle de ses erreurs.» Voilà une affirmation qui, pour être banale, n'en est pas moins incontestable. Je ne vois guère de domaine auquel on ne puisse la transposer, mais la subtilité n'est pas là : cette affirmation est une mise en garde placée en tête d'un article consacré, bien sûr, à une prévision économique (*Le Monde*, 22 juin 1995).

Bien joué! Si la prévision faite par l'article se réalise, le lecteur bienveillant oubliera la mise en garde ; si la prévision ne se réalise pas, il considérera l'article comme une confirmation, voulue par l'auteur, de la mise en garde. Le lecteur malveillant procédera exactement à l'inverse. Donc l'article a de quoi satisfaire tout le monde...

À un petit détail près : qui se souvient encore de la prévision au moment où l'événement se réalise? Si les propositions autoréférentes (du style : «cette phrase est fausse») sont une source inépuisable de paradoxes logiques, il n'y a peut-être pas de paradoxe dans une proposition comme : «cette phrase sera fausse». Car le temps est plus fort que tout : l'oubli annihile la logique...

«Je plains ceux qui ont l'air intelligents ; c'est une promesse qu'on ne peut tenir» disait Alain. Comme si on était obligé de tenir ses promesses! En outre, il arrive que seule compte l'apparence. Voici donc deux trucs à la portée de n'importe quel imbécile, et qui lui donneront, en cas de besoin, l'air de la parfaite intelligence.

Premier truc. Bégayer pour prononcer des mots faciles, et prononcer impeccablement les mots difficiles. Exemple. Vous critiquez un livre à la radio ou à la télé – sur une chaîne culturelle s'entend, sinon faire semblant d'être intelligent est inutile. Dites : «Ce qui est euh... ce qui est... enfin ce qui est intéressant dans... dans ce... dans euh... dans ce livre, oui alors ce qui est... je veux dire ce qui est intéressant dans... dans ce livre, c'est son ontologie aristotélo-copernicienne.» Ne bafouillez surtout pas sur cette dernière expression, que vous devez lâcher d'un coup, sinon l'effet est manqué. Mais si vous réussissez, vos auditeurs, qui ont lu Baudelaire, se diront automatiquement à votre sujet : «Sa pensée de géant l'empêche de parler» ; et ils se pâmeront d'admiration.

Second truc. Chicaner sur le verbe être. Exemple. Vous présidez une table ronde, l'orateur est soporifique en diable, mais vous devez «introduire la discussion». Sortez de votre somnolence quelques secondes, le temps de glaner deux phrases contenant le verbe être. Notez-les. Vous êtes sauvé, rendormez-vous, le brusque silence après le monologue vous réveillera toujours à temps. Vous direz alors – après les remerciements et compliments d'usage : «Excusez-moi, je me demande s'il n'y aurait pas une petite difficulté. Cantor, vous l'avez dit était fou. Et, vous l'avez noté, il était mathématicien. Mais je me demande – ce n'est qu'une hypothèse, vous connaissez la question beaucoup mieux que moi – je me demande si, dans le premier cas, «être» ne désignerait pas une essence : l'essence de Cantor résidait dans sa folie, et si, dans le second, il ne désignerait pas une simple circonstance : Cantor a fait des mathématiques, mais il aurait pu faire autre chose tout en restant lui-même, c'est-à-dire fou.» Vu la fréquence du verbe être en français, ce truc peut toujours servir. Il vous donne toutes les apparences d'un individu dont la compréhension de la langue est d'une finesse incomparable. Et il introduit une discussion sans fin, la sémantique du verbe être étant inépuisable.

Récemment, la revue *New Scientist* a exposé la méthode sûre pour faire accepter son article par une revue scientifique. Écrire sans employer ni adjectifs, ni adverbes ; donner cinq références de livres de statistiques ; s'inventer des coauteurs aux noms vaguement connus, comme Federico Fermi, Hans Kreps, Albert Syzent-Gorgyzii, Nicolas Bourbaqui ; s'arranger pour être son propre rapporteur, grâce à une astuce que je préfère garder pour moi.

Dans la même veine humoristique, des informaticiens ont reçu l'été dernier une télécopie, rédigée sans fioriture, dans le style urgent propre aux événements considérables : un nouveau nombre entier a été découvert. Ce nombre, disait la dépêche, n'a pas encore reçu de nom, mais a été localisé de façon certaine entre sept et huit – nombres que l'on avait crus consécutifs. La découverte de ce nouvel entier a d'ores et déjà d'importantes conséquences : beaucoup de nombres que l'on croyait impairs sont, en fait, pairs ; les grands nombres premiers utilisés pour fabriquer des codes secrets ne sont en fait pas premiers du tout ; la notion d'octet va être bouleversée...

Cet exemple le montre : le goût du pastiche n'est pas totalement étranger aux scientifiques. Pourtant, le pastiche joue en sciences un rôle à coup sûr beaucoup plus marginal qu'en littérature.

Non que les scientifiques soient inaptes à rire d'eux-mêmes. S'ils pastichent peu, c'est que le résultat est peu pertinent. Pasticher un écrivain met à jour une certaine vérité propre à cet écrivain, pasticher un scientifique n'enseigne rien sur la vérité de son œuvre. D'ailleurs, ce n'est pas tel ou tel scientifique qu'on pastiche mais, une fois pour toute, l'article-type ; tous les scientifiques étant visés, aucun ne l'est personnellement. Au contraire, les écrivains se piquent chacun d'avoir un style : pasticher un auteur est un exercice *ad hominem*, toujours renouvelé, féroce, amusant. Un pastiche littéraire fait partie de la littérature, un pastiche scientifique ne fait pas partie de la science. Aussi les écrivains débutent-ils souvent en commettant des pastiches, pas les scientifiques. En science, pasticher le style, c'est ne pasticher que le style : imiter n'est pas pénétrer.

Voilà cependant que, comme souvent, le petit bout de la lorgnette mène à une grande question, en l'espèce celle de l'objectivité. Que dit le rôle mineur du pastiche scientifique sur le rapport entre le contenu de la science et la façon dont elle s'exprime? Ne confirme-t-il pas que le contenu jouit d'une certaine indépendance vis-à-vis des styles individuels – ce qu'on appelle l'objectivité, justement?

L'objectivité de la science attestée par le peu de portée du pastiche, donc? Pas si vite! Il existe en science une catégorie d'articles nettement plus nombreux que les pastiches, et dont le statut n'est pas sans analogie avec le leur : les articles faux – erreurs, extrapolations trop rapides, fraudes, etc. La possibilité que de tels articles paraissent sans que quelque chose dans la réalité «coince» nécessairement aussitôt, rappelant les auteurs à l'ordre, ne serait-elle pas, au contraire, un argument contre l'objectivité de la science?

Les questions inépuisables, même abordées par un biais aussi bizarre que celui du pastiche, restent inépuisables...

L'ÉCHANTILLONNAGE DE LA PENSÉE

Imaginons un sociologue – à la fois lilliputien et peu futé – qui veut étudier le devenir d'une cohorte de spermatozoïdes («ces aveugles dans le champ des ovaires» comme disait Richepin). Il se place à l'entrée du vagin, sélectionne un échantillon représentatif de spermatozoïdes et observe leur sort ultérieur. À tous les coups ou presque, ce sera pour constater qu'aucun n'a trouvé à s'employer dans son âge mûr. Faible est en effet la probabilité que l'échantillon contienne le seul spermatozoïde éventuellement appelé à voir s'ouvrir devant lui les portes de l'ovule. Comme l'échantillon était représentatif de l'éjaculation considérée, notre sociologue conclura qu'elle a été inféconde.

Lorsque nous prétendons déterminer quels sont les penseurs importants de notre époque – entendant par là ceux que la postérité retiendra –, nous faisons comme ce sociologue. Face à l'immense production intellectuelle, chacun de nous est un lilliputien, bien incapable d'avoir une vue d'ensemble, ni même de lire un échantillon représentatif. De plus, ignorant ce que sera l'avenir, nous ignorons quelles œuvres d'aujourd'hui sauront le féconder. Le hasard jouera peut-être un rôle aussi grand que pour les spermatozoïdes.

Rien d'étonnant alors à ce que la médiocrité inféconde soit la plus massive, la plus visible. Notre jugement est donc biaisé dans un sens dépréciatif pour notre époque. Même celui qui a la chance de lire l'auteur destiné à être retenu par la postérité comme l'Aristote ou le Newton du XXe siècle risque de n'avoir pas les moyens de s'en rendre compte.

C'est pourquoi les discours sur la décadence me laissent froid. Ils ne sont peut-être pas faux, mais l'avenir sera juge. Nous pas.

Philosophie de pacotille

Quel auteur ne rêve d'écrire la phrase impossible à réfuter, celle que tous ses lecteurs seront contraints d'accepter? Jean-Didier Vincent a réalisé cet exploit rare. Il fait dire à un personnage de *Celui qui parlait presque* (éditions Odile Jacob, 1993) : «Convenez que rien ne ressemble plus à la grande philosophie que les pensées de pacotille.»

La première réaction, lisant cela est : oui d'accord mais bof, ça a été déjà mille fois dit... De la pacotille, en somme. Toutefois, appliquant la phrase à elle-même, on en déduit qu'elle voisine avec la plus haute philosophie – et ce compliment est tout de même excessif!

Conclusion : la phrase est inattaquable. Peut-on en déduire qu'elle est vraie?

Décompte picturesque

Menace de surpopulation. D'après un récent recensement, les tableaux représentant la mort du Christ, de par le monde, sont au nombre de 2 milliards 500 millions, ceux représentant sa naissance au nombre de 3 milliards, soit un excédent de 500 millions de naissances, ce qui est contraire à tous les enseignements de la science, selon lesquels chaque individu (résurrections comprises) meurt exactement autant de fois qu'il est né. Ce déséquilibre ne laisse pas d'inquiéter les autorités. Elles espèrent toutefois ne pas en venir à des mesures coercitives. Pour l'instant, elles se contentent de prier instamment les artistes de représenter des morts du Christ (Crucifixions, Descentes de Croix, etc.) et de renoncer aux naissances (Vierges à l'Enfant, Présentations au Temple, etc.). Elles comptent sur leur bon sens et sur leur coopération.

L'AMPLEUR DE NOS DÉBATS

Aristote plaçait le siège de la pensée dans le cœur et attribuait pour rôle au cerveau de réfrigérer l'organisme ; Platon pensait que l'eau de mer guérit les maladies ; Kepler estimait que l'Univers avait été créé le 27 avril 4977 avant J.-C. ; Descartes se disait convaincu que les animaux ne souffrent pas ; Newton croyait à la transmutation des métaux ; Cantor prouvait Dieu par les mathématiques...

Nous sommes à la hauteur de ces grands ancêtres. Certains de nos débats sont, par exemple : les machines pensent-elles? Le secret de l'âme gît-il dans le neurone? Ces questions, je parie (sans risque, puisque je serai mort) que nos descendants y verront des fadaises de la même farine que celles énumérées ci-dessus. Que la machine pense? Que la matière explique l'âme? Le bon sens répond : non, bien sûr! Toutefois, si nos descendants se demandent comment nous avons pu envisager sérieusement des questions pareilles, c'est qu'ils auront perdu de vue un point : pour une personne connue qui en débat publiquement, il y en a des dizaines, à la base, qui les jugent ineptes. Mais la participation de ces dernières se réduit à hausser les épaules, d'autant que ce ne sont pas elles qui ont l'accès facile aux médias.

Dans le domaine de la pensée, on ne se fait guère entendre si l'on ne possède pas une bonne dose d'hystérie – je veux dire : l'art d'attirer à tout prix l'attention sur soi. D'où une distorsion.

Les gens en vue, pour rester en vue, sont enclins à soutenir *mordicus* des positions extrêmes, quitte à courir le risque du ridicule.

Paradoxe. L'humanité «moyenne» est peut-être bien, dans l'ensemble, plus raisonnable que ses «grands hommes». Pourtant, ce n'est pas la moindre utilité de ces derniers que d'aider chacun de nous à se consoler de sa médiocrité personnelle en constatant, narquois, les absurdités qu'ils défendent.

Un point à souligner

On peut souligner çà et là un mot dans un texte : cela change l'intonation du mot, donc son sens. Mais souligner des phrases entières, voire des paragraphes, comme le font certains, est contestable. Cet artifice n'est pas destiné à changer une intonation : il indique que les phrases soulignées sont importantes.

Quelle erreur! Le moins impertinent des lecteurs en déduit que les phrases non soulignées ne sont pas importantes : elles auraient pu rester endormies dans l'encre. L'abus de phrases soulignées est un indice presque infaillible de cette débâcle de l'esprit qu'on appelle la «littérature grise».

Ne soulignez jamais une phrase entière!

Pas de la tarte

L'invention la plus humiliante pour la culture livresque est, sans conteste, le marque pages. L'objet révèle que, quand vous reprenez le livre abandonné, vous ne savez distinguer une page lue d'une page non encore lue. C'était bien la peine de lire...

Pourquoi, dans la même logique, n'a-t-on pas inventé le marque tarte, un objet matériel qui permette de distinguer, d'un coup d'œil, la part de tarte déjà mangée?

L'INVERSION DU LION

Chasser le lion? Facile! Voici comment. Vous prenez une cage sphérique, que vous installez au milieu du désert, habitat naturel du lion. Vous entrez dans la cage et vous vous y enfermez. Puis vous effectuez une inversion, transformation géométrique qui laisse invariante la sphère, mais transforme tout point extérieur à la sphère en un point intérieur, et tout point intérieur en un point extérieur. Après l'inversion, le lion, qui était hors de la cage, se retrouve prisonnier à l'intérieur. Et vous vous retrouvez libre, hors de la cage.

Est-il besoin de préciser que ce sont des mathématiciens qui racontent cette histoire, typique de leur humour? Ceux qui savent le mieux se moquer d'une communauté sont toujours ses propres membres. Rien n'est plus banal que de reprocher aux mathématiciens leur manque d'esprit pratique. Mais pour caricaturer ce défaut par une histoire de chasse au lion, là, il fallait tout le génie de la discipline!

Ouverture des frontières au sein de l'Europe ou non, rien n'y fait : les Anglais continuent de manger mal. Tel est du moins l'avis de certains voyageurs, qui s'en étonnent : comment se fait-il que les bonnes choses nées sur le continent n'aient pas supplanté les *meat pie* et la *jelly*?

En fait, il n'y a chez les Anglais ni masochisme ni incapacité congénitale à faire la cuisine. Conditionnée depuis son plus jeune âge par la prononciation répétée du *th*, la langue d'un Anglais n'a pas la même forme que celle d'un Français, déterminée, elle, par les nasales et par le *u*. Or la forme de la langue d'un sujet détermine, autant que ses papilles gustatives, les sensations qu'il éprouve en mangeant. La langue maternelle intervient donc dans le goût. Le professeur R. Vétisse, à qui l'on doit cette observation, a montré expérimentalement qu'une langue formée à la prononciation anglaise éprouve au contact de la *jelly* la sensation qu'éprouve une langue formée à la prononciation française au contact du foie gras.

Comme la *jelly* est moins chère, si vous voulez faire des économies, il vous suffit d'apprendre à parler anglais comme un Anglais...

Le scipétaire inconnu

Augmenter ses connaissances est facile : il suffit d'étudier. Le difficile, c'est d'augmenter ses ignorances.

L'*Album Saint-Exupéry* de La Pléiade m'a procuré ce plaisir trop rare. Parmi les innombrables traductions du *Petit Prince*, l'*Album* en signale une en scipétaire et une en papamiento – langues dont, jusque-là, je ne savais pas que je les ignorais, vu que je ne savais pas qu'elles existaient. Mes dictionnaires familiers, ainsi que mes proches, se sont avoués aussi ignares que moi. Seuls les dictionnaires spécialisés m'apprirent que le papamiento est un créole d'origine ibérique parlé dans les Antilles néerlandaises.

Quant au scipétaire, nulle trace nulle part. Les auteurs de l'*Album*, à qui j'ai écrit, n'ont pas cru devoir me répondre. Dois-je alors soupçonner quelque canular? J'espère que non. Encore une fois, on a si rarement l'occasion d'élargir ses ignorances!

Note. Cette chronique m'a valu plusieurs lettres de lecteurs, qui ont augmenté à la fois mes connaissances et mes ignorances. Je sais désormais que «scipétaire» est le terme par lequel les Albanais désignent leur propre langue ; c'est donc une langue bien réelle dont j'ignore jusqu'au premier mot.

Le cheval-moteur d'orgueil

Quelle aberration conduit certains enseignants à minimiser devant les élèves la difficulté qu'ils ont à vaincre? C'est faire une double erreur : les humilier s'ils trébuchent, et croire que les êtres humains sont *a priori* rebutés par ce qui est difficile. Certes, tous ne sont pas attirés par le même type de difficulté. Pour un élève qui préfère les mathématiques ou la philosophie, cent ou mille rêveront de musique ou de sport. Devenir musicien ou champion n'a pourtant rien de facile. Dites alors à un jeune : «Ton désir sera difficile à réaliser» ; s'il a le moindre orgueil, il voudra prouver qu'il sait vaincre la difficulté en y mettant le prix.

Reprocher : «Vous ne comprenez pas ça? C'est pourtant simple!», prive les élèves de ce ressort qui fait avancer : l'orgueil. Quelle stimulation y a-t-il à affronter un obstacle facile? Si vraiment il était facile, d'ailleurs, aurait-on besoin d'un enseignant? L'enseignant serait mieux inspiré de se demander pourquoi ses élèves sont attirés par d'autres difficultés que celles qu'il décortique devant eux.

Le nordon, nouvel étalon

Ah, ces conférenciers qui lisent à toute vitesse leur papier sans jeter un œil sur leur auditoire, et lui font avaler en une heure ce qui demanderait bien trois ou quatre heures pour être digéré!...

Ah, ces conférenciers qui étirent des banalités, des généralités bien-pensantes, et passent un temps infini à annoncer ce qu'ils vont dire!... Ils avancent à la vitesse d'une minute à l'heure. Et comme ils endorment leur auditoire, la seule minute intéressante n'est perçue que par les insomniaques...

Ah, ces conférenciers, amateurs d'envolées sur la longue durée, et qui se croient tenus de se disculper!... Historiens, ils disent : «Je m'excuse, je résume cinq siècles en trois quarts d'heure, alors vous me pardonnerez d'être approximatif» ; géologues : «Je m'excuse, je résume cinq millions d'années en cinq minutes, alors vous me pardonnerez», etc. ; astrophysiciens : «...cinq milliards d'années en cinq secondes, alors vous» etc. À force de précautions oratoires, certains de ceux-là réussissent ainsi à progresser à une vitesse à la fois de un million d'années en une heure et de seulement une minute par heure!

Bref (!), il nous manque une unité qui mesure la vitesse d'un conférencier. Chose remarquable : cette vitesse, étant le quotient d'un temps par un temps, est sans dimension. Je suppose qu'une unité de mesure sans dimension est une aberration aux yeux du physicien. Mauvais comme je l'étais en physique, cela ne me trouble pas. Mieux : je suis prêt à laisser mon nom à cette unité. Je dirai donc – toujours modeste – qu'un conférencier avance à une vitesse de un nordon s'il dit en une heure ce qui doit être dit en une heure.

Et j'accepte qu'une de mes conférences soit déposée comme étalon de mesure au pavillon de Breteuil, à Sèvres.

Faut-il oublier la mémoire de l'eau?

Tout finit par lasser, même les scandales : la mémoire de l'eau se fait oublier... Va-t-on en reparler? Michel Schiff demande que le dossier soit rouvert (*Un cas de censure dans la science*, Albin Michel, 1994). Mais son livre ne lève pas le doute. Comment le pourrait-il, d'ailleurs? La discussion sur l'éventuelle mémoire de l'eau est aussi hors de portée du scientifique de base que la démonstration du théorème de Fermat ou les preuves du Big Bang. Ces problèmes sont si complexes, qu'il n'a aucun moyen de se faire une opinion personnelle ; il est obligé de faire confiance à «ceux qui savent».

Les cas abondent où les chercheurs en place ont ridiculisé une théorie destinée en fait à triompher quelque temps plus tard – l'hypothèse atomique, la dérive des continents, etc. Mais le fait que la plupart des chercheurs actuels jugent invraisemblable l'expérience de Benveniste ne suffit évidemment pas à prouver que ce dernier ait raison. Ce serait trop simple s'il suffisait, pour s'orienter avec sécurité, de prendre le contre-pied de ce que disent les gens en place!

Que faire, alors? Attendre de voir si les partisans de Benveniste réussissent une contre-offensive victorieuse ou si l'affaire sombre définitivement...

Wait and see : nous voilà loin de l'idéal de rationalité, loin du projet libérateur initial de la science. La science moderne accroît nos tendances à l'attentisme. Là est, je crois, l'un des plus gros reproches qu'on puisse lui faire.

Indispensables mensonges

Un plombier jure ses grands dieux qu'il passera «sans faute» avant la fin de la semaine ; il n'en fait rien. Est-ce un menteur? Non : il pratique simplement la forme spécifique de mauvaise foi en usage dans sa profession. Un politicien déclare n'avoir aucune ambition que l'intérêt national ; un dentiste dit «c'est fini» pour vous faire tenir tranquille ; un homme d'affaires prétend que c'est vous qui faites la bonne opération en signant avec lui : autant de mensonges. Pourtant, tous ces gens peuvent être parfaitement honnêtes. Ils ne font qu'agir selon les mœurs, chaque profession ayant son exercice propre et codifié de la mauvaise foi, faute duquel faire tourner la boutique serait impossible.

Les métiers intellectuels n'échappent pas à la règle. Par exemple, la mauvaise foi spécifique du traducteur est d'insérer une note de bas de page : «jeu de mots intraduisible en français» (qu'est-ce qui prouve qu'un meilleur traducteur n'y serait pas parvenu?) ; celle du patron de labo, de cosigner un article qu'il n'a pas lu ; celle du mathématicien, de dire : «un calcul facile montre que...».

Jeu : compléter la liste ci-dessus. Attention, il ne s'agit pas de stigmatiser un manque d'honnêteté, mais de repérer le type d'entorse à la vérité indispensable à chaque profession pour pouvoir s'exercer.

À JUSTE TITRE

En faut-il? N'en faut-il pas? La question de la préface divise. Certains pensent qu'un livre qui en a besoin avoue par là même que ses qualités intrinsèques sont insuffisantes ; d'autres voient dans les préfaces une possibilité d'éclairage intéressant.

Longtemps hésitant, me voici convaincu : il en faut. Ma religion s'est faite en lisant une phrase merveilleuse, d'un type qu'on ne peut trouver que dans une préface – ou une introduction. En l'occurrence, celle de l'ouvrage collectif consacré au bicentenaire de l'École normale supérieure (PUF, 1994, p. XIV) : «Ce livre, en tous cas, n'aurait pas vu le jour sans l'apport précieux de chacun de ses auteurs.» Comme on disait naguère : pas besoin d'avoir fait Saint-Cyr pour trouver ça.

Mais ne plaisantons pas. On sait que les auteurs pèchent en général par excès d'humilité. Pour un peu, ils s'effaceraient derrière leur œuvre. Je propose donc que, désormais, leur modestie dût-elle en souffrir, tout livre comporte obligatoirement, à côté des indications de copyright et de dépôt légal, la mention : «Ce livre n'aurait pas vu le jour sans l'apport précieux de son auteur.»

Ah, mais!

Calculette ou calculatrice?

Calculette ou calculatrice? Il va falloir que l'usage tranche entre ces deux mots qui se font concurrence depuis plusieurs années. Mais gare! Cette hésitation exprime peut-être une sourde rivalité entre deux façons de voir le monde.

Ce ne sont pas les mêmes populations, me semble-t-il, qui emploient un mot plutôt que l'autre. J'ai l'impression que l'usage des mathématiciens les pousse vers «calculette», et celui des expérimentalistes vers «calculatrice». Si une étude statistique confirme mon impression, l'usage dénoterait une différence dans la conception du monde.

Le mot calculette, un peu désinvolte avec son allure de diminutif, exprime l'état d'esprit de théoriciens qui préfèrent l'abstraction et ont un rien de condescendance vis-à-vis des calculs. Le mot calculatrice, plus ronflant, plus noble, plus actif, convient mieux à des personnes mettant plus d'espoir dans les manipulations numériques que dans les abstractions.

Selon que l'usage social ratifiera calculette ou calculatrice, on saura qui, du théoricien ou de l'expérimentateur, façonne l'esprit de notre temps...

MODÉLISME

Modèle. Dans la bouche du peintre, ce mot désigne la personne ou l'objet dont il s'inspire ; dans celle du physicien, il désigne la théorie élaborée pour rendre compte d'un phénomène. Ainsi, dans le premier cas, le modèle est la réalité ; dans le second, c'est une abstraction qui vise à exprimer l'essence d'une réalité dont il ne fait pas partie. Le peintre part du modèle pour arriver à l'œuvre ; le physicien part de la réalité pour arriver au modèle.

Les optimistes (ou les paresseux) diront : rien là de préoccupant. L'occurrence d'un même mot dans des sens différents n'est pas plus signifiante que, par exemple, le fait que la ville de Vienne ne soit pas dans le département de la Vienne. Mais les inquiets prendront au sérieux cette bifurcation du mot modèle vers deux acceptions opposées. Elle laisse entrevoir que les rapports entre arts et sciences ne seront jamais simples – pas plus d'ailleurs que les rapports entre arts et réalité, ou ceux entre sciences et réalité. Bref, l'homme n'est pas près d'avoir une perception satisfaisante de la réalité.

CIRCULEZ : IL Y A TROP À VOIR!

Qu'une «autoroute de l'information» passe par mon bureau? Soit! Espérons qu'elle ne défigurera pas l'environnement. Pourtant je n'aimerais pas, réduit à faire du stop sur les bas-côtés sans que personne ne me prenne, être contraint finalement d'aller à pied.

La capacité de mon cerveau est ce qu'elle est. Ma petite départementale m'apporte déjà plus d'informations que je n'en puis ingurgiter : j'avoue posséder des livres dont je ne sais même plus de quoi ils traitent. L'autoroute ne me fera pas aller plus vite ; elle ne me fera que mieux sentir mes limites.

Un effet probable de l'éventuelle mise en place des autoroutes de l'information est que le mot attribué à Einstein – «nous n'utilisons que dix pour cent de nos capacités» – va faire fureur auprès des marchands de méthodes censées décupler nos capacités. L'encyclopédisme avait du sens quand les connaissances pouvaient loger au sein d'un même cerveau, et interagir. Mais nul ne peut traiter les connaissances obtenues auprès d'une banque de données. Beaucoup trop nombreuses, elles sont comme un tas de carreaux bariolés, livrés en vrac sans qu'aucun artiste soit capable de les disposer en une mosaïque.

Aujourd'hui, chacun doit apprendre à réfléchir et à s'orienter en sachant qu'il a perdu le contact avec la quasi-totalité du savoir de son temps. Paradoxalement, les autoroutes sont l'expression d'un désir passéiste.

Foudre de guerre

Zeus, à l'origine dieu des phénomènes atmosphériques, a fait une belle carrière militaire. De même son avatar romain, Jupiter.

Nous aussi, nous sommes sensibles à l'aspect «apocalypse tombée du ciel» commun aux deux genres de troubles. La guerre, comme l'orage, *éclate*. Le *front* se déplace au gré des masses d'air ou des troupes. Un *déluge* de fer et de feu s'abat…

Il y a une autre similitude. Les guerres et les intempéries errent, vont et viennent à la surface de la Terre en se déplaçant suivant des lois qui semblent analogues – quoique avec des échelles de durée très déformées d'un cas à l'autre. De même que l'orage «détraque» le temps, une guerre est souvent source d'autres guerres dans la région. Inversement, la paix, comme le beau temps, est un phénomène stable ; elle s'autoengendre jusqu'à ce que quelque chose vienne perturber l'équilibre. Et si un battement d'aile à Singapour peut déclencher un ouragan en Floride, un coup d'éventail ou une dépêche peuvent engendrer des guerres : «effet papillon» dans les deux cas.

Pourrait-on préciser cette ressemblance? Comme on a établi les équations qui déterminent les variations de temps, pourrait-on établir les équations formelles qui, à partir d'un état initial connu, régissent la venue des guerres en un endroit donné, ou anticipent leur déplacement à la surface de la Terre? Bien sûr, la météorologie n'ose guère de prévisions au-delà de trois ou quatre jours ; et les erreurs ne sont pas rares, car la plus infime incertitude sur les conditions initiales est susceptible de changer, du tout au tout, le comportement des solutions des équations.

Ma suggestion est donc toute théorique : menée à bien, elle donnerait, au plus, la consolation douteuse, pour celui qui reçoit une pluie de bombes, de pester contre les services de la polémologie nationale, lesquels n'ont pas été capables de prévoir que le ciel allait lui tomber sur la tête.

La guerre repère

Exodes, rumeurs folles, propagandes contradictoires, informations bidons, actes insensés, horreurs inimaginables... S'il y a des périodes où les repères les mieux établis volent en éclats, ce sont les guerres.

Quand elles sont finies, ce sont pourtant elles qui servent de points de repères. Les survivants organisent leurs souvenirs en avant-guerre, guerre, après-guerre. Les chercheurs expliquent les raisons des acteurs, analysent le pourquoi et le comment des événements, découvrent la nécessité des développements, avec beaucoup plus de détails que pour les périodes de paix. Les lycéens étudient dans des livres structurés par les guerres ; guerre de Troie, guerre de cent ans, 1870, 1914, 1940, etc. sont des jalons stables, sur lesquels leur mémoire se fixe.

Le comble du désordre, de l'irrationnel, de la déraison, devient ainsi, dans toutes les mémoires, le facteur par excellence de classement, d'organisation, d'explication. Rien, je crois, ne fait mieux percevoir à quel point il y a quelque chose d'impossible dans la tâche de l'historien.

L'ENNUI ET L'INTÉRÊT FRACTALISÉS

Lorsque, lycéen, puis étudiant, puis chercheur, j'ai choisi, d'année en année, telle section, puis telle discipline, puis telle spécialité dans cette discipline, j'ai eu, à tous les coups, l'impression que cette fois-là était la bonne : celle où, enfin débarrassé des matières qui m'ennuyaient, je n'aurais plus à étudier que celles qui m'intéressaient. Las! À mesure que je chassais l'ennui, il revenait. Au sein même de la spécialité de plus en plus étroite vers laquelle je m'enfuyais, une nouvelle source d'ennui apparaissait, inaperçue à l'étape précédente. Telle matière qui m'avait attiré se révélait, vue de plus près, faite de nombreuses sous-matières, dont certaines fort ennuyeuses. Cela, à chaque stade.

En somme, qu'on ait une vague teinture de tout ou qu'on soit spécialiste «pointu», la proportion et le rôle que tient l'ennui au sein du savoir sont à peu près constants. L'ennui (ou l'intérêt, si l'on désire être positif) reste semblable à lui-même quel que soit le grossissement avec lequel on considère le savoir... Comme c'est bizarre, comme c'est étrange, et quelle coïncidence! N'est-ce pas là exactement la propriété caractéristique des «objets fractals» (l'invariance par «homothétie interne»)?

La puissance d'un concept nouveau se manifeste par la possibilité d'étendre ce dernier aux domaines les plus inattendus. Je vois pourtant assez mal Benoît Mandelbrot proclamer le caractère fractal de l'ennui et en tirer satisfaction!

L'ORIGINALITÉ SUR COMMANDE

Comme l'éloquence chez Pascal, la vraie originalité se moque de l'originalité. Face aux problèmes toujours renouvelés posés par le monde, il faut de l'audace, c'est-à-dire une aptitude à imaginer sans se laisser enfermer par les conceptions déjà existantes. Là est la vraie originalité : elle n'est pas désirée comme une fin en soi, elle vient comme une prime lors de la résolution d'un problème. En revanche, rechercher l'originalité pour elle-même relève de la préciosité ; cette contrainte mutilante restreint le champ ouvert à l'imagination créatrice, car elle détermine *a priori* la nature des trouvailles de cette dernière : elles doivent être originales. Un peu comme l'anticonformisme systématique, la volonté d'originalité est appauvrissante.

Que l'université demande à ses membres de produire des travaux originaux a de quoi inspirer des réserves. D'autant qu'une institution doit passer un contrat avec ses employés, c'est-à-dire expliquer clairement ce qu'elle attend d'eux. Mais comment définir *a priori* l'originalité sans vider par là même ce terme de toute sa substance? L'originalité est, par essence, imprévisible. En outre, elle est surtout le fait d'individus, et d'individus généralement peu à l'aise dans les institutions. Rien d'étonnant, alors, à ce que ce ne soit pas une vraie originalité que l'université attende, mais une espèce d'«originalité normée». Ah, ces directeurs de recherche proposant à un débutant un sujet dont ils savent d'avance qu'il devrait permettre au débutant de «faire preuve d'originalité»! En tout cas, l'université a beau demander à ses membres d'être originaux, je n'ai jamais vu qu'elle s'explique là-dessus : le caractère bénéfique et prioritaire de l'originalité est un de ses articles de credo qui résiste d'autant mieux à l'examen qu'elle ne l'examine jamais!

Bis repetita

Éviter les répétitions : ce principe a sûrement eu des conséquences notables sur la pensée française. Quiconque écrit, sait combien la forme influe sur le fond. Par exemple, éliminer une répétition conduit à remplacer tel mot par tel autre, qui n'en est jamais l'exact synonyme. J'ai maintes fois fait l'expérience : le texte modifié est souvent plus près de ce que je voulais dire – ou de ce que j'aurais dû vouloir dire!

Se plier aux règles n'est pas de l'académisme, mais une façon de s'imposer du recul pour acquérir plus de finesse. L'hétérogénéité introduite dans la pensée aide à ne pas être dominé par ce qu'on écrit. Surveiller la forme réveille le regard, relance la réflexion, donc permet de mieux contrôler le fond. Paradoxalement on est moins dupe des mots quand on les soumet à des contraintes formelles. Comme les arts, la pensée a besoin d'arbitraire. Au risque de la préciosité, évidemment, quand l'arbitraire est omnipotent : il ne faut pas seulement savoir respecter les contraintes formelles, il faut aussi savoir les violer!

Pourquoi l'interdit de la répétition ne fait-il pas partie des règles imposées aux scientifiques? Sans doute les exigences de la rigueur paraissent-elles une contrainte suffisante. C'est peut-être une erreur. Qui sait si un chimiste écrivant une monographie sur le benzène sans recourir au mot «benzène» plus d'une fois par page n'aborderait pas mieux la question qu'un collègue employant ce mot à chaque ligne...

Chacun répète, après Valéry : «Nous autres, civilisations, nous savons maintenant que nous sommes mortelles». Pourtant, comme chaque fois qu'il s'agit de vie et de mort, ce n'est pas en répétant la triste vérité qu'on l'exorcise. Mortelle comme une autre, notre civilisation? Sans doute, sans doute, mais... nos déchets nucléaires possèdent une demi-vie à côté de laquelle Mathusalem paraît mort en bas-âge ; certaines de nos matières plastiques, nos «cans» en aluminium, semblent défier les temps géologiques eux-mêmes.

Ce qui dure le plus, ce ne sont pas les cités ni même les civilisations, mais les déchets ; là-dessus, les archéologues ne nous laissent plus d'illusions. Une étrange question vient alors à l'esprit. Lorsque nous parlons de la menace que nos déchets font peser sur les millénaires à venir, n'exprimons-nous pas aussi un désir de retrouver l'immortalité dont Valéry nous a privés? Nous reportons nos espoirs sur nos poubelles : dans l'idée que, même quand ils auront tout oublié de nos œuvres, nos ingrats descendants seront encore obligés de gérer nos poubelles, n'y a-t-il pas quelque chose qui ressemble sinon à une vengeance, du moins à un appel contre la sentence de Valéry?

Il serait évidemment absurde de ne voir, dans l'inquiétude écologiste, qu'une subtile dénégation du caractère mortel de nos productions. Il n'y a que trop d'arguments justes dans les avertissements des écologistes. Le problème est que, à la limite, le seul écologiste irréprochable est celui qui met tout en œuvre pour mourir sans laisser la moindre trace de son passage sur Terre. Or une telle attitude est loin d'aller de soi : voilà pas mal de siècles que – au moins sous nos cieux – ce qui nous pousse à agir, c'est le dur désir de durer, et non pas l'aspiration à être biodégradables…

Dans un «Bloc-Notes» ancien *(voir la page 119)*, je m'étais amusé à considérer l'ennui comme un objet fractal. Le physicien Jacques Mandelbrojt observe que la complexité est également de nature fractale. C'est là une remarque qui va beaucoup plus loin puisque, du coup, la méthode de Descartes («diviser chacune des difficultés que j'examinerais en autant de parcelles qu'il se pourrait et qu'il serait requis pour les mieux résoudre») se trouve invalidée. Contrairement à ce que pensait Descartes, «lorsqu'on réduit un problème en éléments simples, on s'aperçoit vite que chacun des éléments est aussi compliqué que l'était le problème de départ» (J. Mandelbrojt). Typique est l'exemple de la structure de la matière, qui reste aussi complexe quelle que soit l'échelle à laquelle on l'étudie.

L'observation de J. Mandelbrojt a toutefois un côté réconfortant. C'est que les chercheurs peuvent continuer à se spécialiser à outrance : si loin qu'ils aillent dans ce processus sans fin, ils tomberont toujours sur des difficultés renouvelées.

Les composantes du savoir

Champ, domaine, branche, rayon... Les métaphores matérielles abondent pour désigner les diverses «matières», précisément, qui composent le savoir. Même les mots «spécialité» ou «discipline», qui évitent l'image concrète, restent plus des métaphores que des termes spécifiques. Alors, si le savoir est un ensemble, comment s'appellent les sous-ensembles qui le composent? Je ne sais : je ne connais aucun terme désignant spécifiquement les composantes du savoir. Le vocabulaire, en l'occurrence, est tellement emprunté qu'on en arriverait presque à écrire des phrases comme : «Le savoir est ce qui est constitué par les savoirs»! Quant au mot «science», dont le sens autrefois était à peu près celui de «savoir», il est en proie aujourd'hui au même genre de difficulté : la science est constituée par les diverses sciences!

Comment expliquer pareille gêne dans le vocabulaire? Peut-être – ce n'est, bien sûr, qu'une hypothèse – peut-être par la nostalgie, toujours présente en nous, d'un savoir global, indivisible. Que personne ne puisse maîtriser le savoir en son entier est un malheur qui tient à la faiblesse de l'homme, mais qui ne dit rien sur le savoir, dont l'essence est d'être un.

Une spécialité dont l'absence devient regrettable dans notre société est celle d'étymologiste en nombres. Nous sommes entourés d'une foule de nombres, que nous employons sans savoir d'où ils viennent. Pourquoi le code 36.15, le format 21 × 29,7, le canon de 75, les 619 lignes, la *203 Peugeot* et le *Boeing 747*? D'où viennent les indicatifs téléphoniques des départements, différents de leurs numéros minéralogiques, et les indicatifs internationaux des pays? Pourquoi 78 tours, puis 45, puis 33? Comment s'est-on mis d'accord sur les chiffres à utiliser pour les codes à barres? Quelle symbolique se niche dans le fait que les albums de Tintin ont tous exactement 62 pages, et les *Que sais-je?*, 128?

L'étymologie «classique» aide à percevoir la présence du passé dans les mots que nous employons aujourd'hui. Le monde technique et numérique dans lequel nous vivons n'est plus un monde neuf. Il a une histoire, qui pèse sur nous et que l'étymologie des nombres permettrait de mieux connaître. Ce serait un indiscutable enrichissement.

Les simulations dominantes

Beaucoup d'«expériences scientifiques» consistent à ne pas faire d'expérience, mais à simuler sur ordinateur le problème étudié. Ces simulations peuvent être multipliées en plus grand nombre que des expériences véritables. Toutefois, il y a sûrement, dans la réalité matérielle, des phénomènes encore cachés, que seules de vraies expériences pourraient révéler. Simuler est utile, à condition de ne pas en abuser – auquel cas cela devient trompeur.

La remarque n'a rien d'original. On entend des scientifiques critiquer le recours excessif aux simulations. Seulement, la dynamique joue contre eux, et les critiques ne suffisent pas à l'arrêter. L'informatique est là, massivement. Chacun est pris dans un tissu social – par exemple, une thèse à terminer – ce qui peut mener à appliquer une méthode dont, en privé, on reconnaît volontiers les limites.

Les idées dominantes ne sont pas nécessairement partagées par plus de monde que les idées dominées, mais elles laissent beaucoup plus de traces écrites. Ne serait-ce que parce que même ceux qui les critiquent doivent se plier aux normes pour mener à bien leurs travaux.

N'oublions pas cela lorsque nous sommes tentés de sourire des savants du passé : comment ont-ils pu, tous, croire à telle technique, ou à telle vision du monde, aujourd'hui absurdes? Eh bien, ils n'y ont peut-être pas cru, mais, eux aussi, avaient leurs carrières à faire, et ils ont préféré refouler leurs doutes.

C'EST LOGIQUE

Qu'on l'envisage d'un point de vue mathématique ou d'un point de vue philosophique, la logique est une discipline austère d'où l'à-peu-près est exclu. Il n'en est que plus frappant de noter le grand nombre de cas où le mot «logique» est employé de façon fantaisiste par le langage courant. Certes, on ne se permet plus d'attribuer aux femmes une «logique à elles» – acception dans laquelle le mot «logique» gardait un sens, puisque cette formule revenait à prétendre que les femmes n'avaient pas de logique. Aujourd'hui, le mot «logique» évoque aussi bien la magouille (la logique présidentielle d'un homme politique), la psychologie (la logique d'un personnage de roman), les contraintes économiques (la logique d'une entreprise), voire l'horreur (la logique de guerre).

Ne nous offusquons pas devant cette dégradation du sens du mot logique. Tout contrecoup est instructif : il n'est pas mauvais que les excès de purisme de certaines spécialités soient sanctionnés par les excès de laxisme du langage courant. On peut voir là un effet de la justice immanente, qui veille à ce que l'on soit puni par où l'on a péché.

Mal unique, double misère

« Où je puis être, je ne veux. Où je veux être, je ne puis. Double misère!», s'afflige saint Augustin (*Confessions*, livre X, chap. 25). Selon la logique formelle stricte, saint Augustin fait erreur. La double misère se réduit «en réalité» à une seule, puisque les deux parties du chiasme sont rigoureusement équivalentes. (Avec des notations évidentes, toutes deux signifient : $P \cap V = \emptyset$.) Hélas, la condition humaine veut que les maux imaginaires redoublent les maux réels. Si ferrés en logique puissions-nous être, nous ressentons, comme saint Augustin, deux misères là où il n'y en a qu'une.

Et puisqu'en notre siècle la spiritualité a – paraît-il – diminué, présentons la même réflexion sur un mode profane. On raconte qu'à l'issue d'une soutenance, le président du jury s'adressa ainsi au candidat : «Dans votre thèse, il y a beaucoup de neuf, et beaucoup de bon. Malheureusement, ce qui est neuf n'est pas bon, et ce qui est bon n'est pas neuf.»

Là encore, il y a pléonasme ($B \cap N = \emptyset$). Pourtant – misère de la condition humaine! – je suis sûr que, même si cet épisode s'est déroulé à l'issue d'une thèse de logique, le candidat ainsi épinglé s'est senti doublement catastrophé. Car l'éloquence l'emporte toujours sur la logique, même chez les logiciens!

Qui peut se vanter de n'avoir jamais trouvé l'âge du capitaine – je veux dire de n'avoir jamais répondu, après mûre réflexion, à une question absurde?

Mener une procédure jusqu'à son terme ne prouve pas que cette procédure ait un sens. Les Byzantins savaient bien argumenter selon les règles! Quant à nous, nous savons tout quantifier, même quand il n'y a aucun sens à le faire. Exemple : nos enquêtes d'opinion. Mis à part quelques rares cas spécifiques, elles sont des artefacts à l'état quasi pur, car les opinions sont choses mouvantes, confuses, voire contradictoires ; en rendre compte par une croix dans la case «oui» ou «non» exige d'énormes distorsions. N'empêche : nous avons des règles pour réaliser de telles enquêtes et «analyser finement» les pourcentages établis à partir de la somme de ces distorsions.

La réaction contre l'abus de la quantification ne vient pas de là où cette dernière a le moins de sens, comme les sciences humaines, mais de là où elle en a le plus. Selon certains physiciens, quantifier ne va pas sans contrepartie : moins de mesures et plus de perception globale ne serait pas un mal. Après avoir fait progresser la physique, la quantification semble s'être mise à la corseter.

Quelles sont les activités où la quantification a un sens? Et, parmi celles-là, lesquelles gagnent plus qu'elles ne perdent à y recourir? Voilà une réflexion importante à mener aujourd'hui.

ÉVOLUTION SÉMANTIQUE

Variation sur le thème des phrases autoréférentes...

Question : De la poule ou de l'œuf, lequel est venu d'abord?

Réponse : La poule.

Question : De l'œuf ou de la poule, lequel est venu d'abord?

Réponse : L'œuf.

Dans tous les cas, ce vieux problème est parfaitement résolu.

Comme chacun sait, la formule «Bonjour! Comment ça va?» se traduit en syldave par une phrase longue de 2 000 mots, exigeant du locuteur qu'il articule pas moins de 7 500 phonèmes. En d'autres occasions, le syldave se montre d'une merveilleuse concision : la traduction de *À la recherche du temps perdu* ne prend que 19 pages.

Peut-être ce rappel va-t-il nous aider à interpréter une publicité parue dans la presse sur une pleine page, et que je reproduis ici scrupuleusement.

«Le théorème de Pythagore contient 24 mots.

Le principe d'Archimède, 67.

Les 10 commandements, 179.

La déclaration américaine d'indépendance, 300.

Et la récente législation en Europe limitant les occasions de fumer, 24 942.

Une réglementation excessive de la vie des gens peut amener à de dangereuses atteintes à la liberté individuelle.»

Les lecteurs les plus astucieux devineront peut-être quel lobby est à l'origine de cette pub. Mais sauront-ils deviner pour quelle langue valent les informations données? Ce n'est pas le syldave : en cette langue, le théorème de Pythagore «contient» 8 741 mots, et la législation sur le tabac, seulement 14. Quant au français, j'avoue que, exprimés par mes soins et tels que je m'en souviens à l'heure qu'il est, le théorème de

Pythagore ne «contient» plus que 22 mots, et le principe d'Archimède encore moins. Érosion de mon savoir au fil du temps... Je saurai gré aux lecteurs de bien vouloir m'envoyer tout théorème connu d'eux «contenant» 24 mots (dans la langue de leur choix).

Reste un point sur lequel je suis en plein accord avec le lobby : plus c'est court, meilleur c'est. Je garde une vieille affection pour un théorème que les initiés reconnaîtront. Tranchant et sans appel, beau comme une maxime antique, il s'exprime ainsi : *Tout corps fini est commutatif* (en cinq mots, tout est dit, hypothèse et conclusion!). Ce théorème fait la gloire du mathématicien écossais qui l'a découvert, Wedderburn, mais la France a les lettres pour se rattraper. Car c'est bel et bien un Français qui a su acquérir l'immortalité littéraire grâce à une œuvre réduite à un seul mot : Cambronne.

L'interrogation sur le langage est la providence de ceux qui ont à «donner un sujet de philo au bac». Des questions comme «L'art est-il un langage?» ou «Les mathématiques sont-elles un langage?» constituent des énoncés honorables et toujours renouvelés.

Amusé par cette propension à mettre le langage à toutes les sauces bachelières, le philologue Michel Crubellier promet que, si on lui demande un sujet, il proposera hardiment : «Le langage est-il un langage?»

Le plus fort, c'est qu'il s'agit là de ce qu'on appelle «un beau sujet». D'abord, l'opposition le/un conduit à examiner le rapport singulier/universel – question éminemment propre à faire atteindre aux candidats les plus hautes profondeurs de la réflexion – s'ils en sont capables, et si j'ose ainsi dire.

Et puis, le langage naturel (imparfait, comme chacun sait) se voit désormais flanqué de nombreux langages artificiels (de plus en plus parfaits, comme il se doit). Si bien que, à notre question de bac, nous nous verrions obligés de répondre – sévères, mais justes – que non, décidément non, le langage (naturel) n'a pas les vertus qui le rendraient digne d'être considéré comme un langage (artificiel)!

Les vivants et les morts

Exercice de probabilités. On estime à 100 milliards le nombre total d'hommes nés sur cette terre depuis qu'il en existe, et à cinq milliards le nombre de ceux qui vivent encore aujourd'hui. Quelle est la probabilité pour qu'un homme rencontré au hasard dans la rue soit vivant? Quelle est la probabilité pour que, de dix hommes rencontrés au hasard, il y en ait au moins neuf de vivants?

Des professeurs de droit discutaient la rédaction d'un sujet à donner aux étudiants : fallait-il leur indiquer si l'arrêt qu'ils devaient commenter relevait du droit civil, ou du droit commercial, ou du droit pénal? «Ce serait de mauvaise pédagogie, a dit l'un des professeurs : la réalité n'a pas d'intitulé.»

La réalité n'a pas d'intitulé... Pour être aussi jolie qu'une comptine, avec sa rime interne, cette formule n'en est pas moins une critique sévère de notre système d'éducation et de recherche. Que fait ce dernier en effet, sinon présenter la réalité sous forme d'une juxtaposition étanche de morceaux, chacun muni de son intitulé : mathématiques, physique, histoire, philosophie, etc.?

Il n'est pas de problème réel qui ne mélange de façon inextricable – et sans en avertir celui qui l'étudie – mille niveaux, mille genres, mille aspects. Circonscrire un domaine de savoir, c'est lui faire perdre l'essentiel de son rapport avec la réalité.

Car (les comptines sont faites pour être répétées) la réalité n'a pas d'intitulé.

Olbers se demandait pourquoi le ciel nocturne est sombre, alors qu'une infinité d'étoiles conjuguent leurs lumières et devraient l'éclairer. On peut, de même, se demander pourquoi, depuis le temps que paraissent des articles «réalisant une percée spectaculaire», le champ de la pensée n'est pas devenu aussi éblouissant que le Soleil.

Peut-être le second paradoxe a-t-il une explication voisine du premier. Il n'est pas de création d'étoile sans matière sombre associée ; il n'est pas non plus de percée sans gravats. Les articles qui font des percées accumulent des gravats – je veux dire des difficultés nouvelles, à travers lesquelles, à nouveau, il faut faire des percées engendrant de nouveaux gravats. Ainsi se trouve réalisée une création continue et illimitée de matière obscure. Comme les étoiles, qui naissent et s'enfuient à la vitesse d'expansion de l'Univers, les articles jaillissent en une explosion de savoir qui les éloigne sans fin les uns des autres. Chacun emporte avec lui la parcelle de lumière qu'il crée, et le ciel infini du savoir reste toujours aussi noir.

LE PROFIL MÉDICAL

Aujourd'hui, les médecins ne jurent que par facteurs de risques, coefficients d'incidence, imputabilité, espérance de vie conditionnelle, courbes en cloche et formule de Bayes : les statistiques deviendraient-elles leur panacée?

Bientôt, la douche et les sous-vêtements propres avant d'aller chez le médecin seront superflus. La consultation, évitant le hasard des attouchements, se déroulera de la façon suivante. On vous fera remplir un questionnaire complet permettant de cibler très exactement le créneau psycho-socio-professionnel que vous occupez. Êtes-vous propriétaire ou locataire? Payez-vous vos impôts par tiers ou par mois? Combien d'orgasmes connaissez-vous par semaine? Préférez-vous Racine ou Corneille? Avez-vous tendance à culpabiliser? Vos enfants redoublent-ils? Pour qui votez-vous? Combien de cigarettes par jour? Avec ou sans filtre? Combien de whiskys? Avec ou sans eau? Avec ou sans glaçon? Avez-vous lu le dernier Goncourt? Combien de grammes de graisse animale par jour? Combien de mictions? De selles? Vos parents sont-ils français de naissance? Combien de sucres dans le café? Et les bains de soleil? (J'en passe, et de plus intimes.) L'ordinateur, alors, déterminera en quel point de l'espace-temps des maladies votre profil se situe. Puis, toutes tables statistiques consultées, le médecin vous apprendra que vous avez exactement : 50,55 pour cent de chances d'être atteint d'un cancer ; 35,46 pour cent de chances de souffrir d'une maladie cardio-vasculaire ; 8,98 pour cent de chances d'être juste un peu stressé ; 5,01 pour cent de chances d'être en parfaite santé, auquel cas vous l'avez dérangé pour rien.

Ainsi, la médecine aura enfin réalisé sa vieille ambition : devenir une science exacte.

Selon une enquête récente, les gens ne regardent leurs photos de vacances que 1,4 fois en moyenne, avant de les abandonner, oubliées dans un coin. Je n'ai pas les références de l'enquête, mais elle n'a rien de surprenant : beaucoup de gens possèdent chez eux un stock de matière enregistrée si abondant que la vie entière suffirait à peine à l'épuiser. Un livre aura – au mieux – été lu une fois ; une bande, écoutée ou visionnée une fois, etc.

Une source d'hostilité au progrès technique a longtemps été l'attitude romantique symbolisée par un vers célèbre de *La maison du berger* : «Aimez ce que jamais on ne verra deux fois». Une des motivations du progrès technique étant la constante volonté de parfaire les moyens de reproduction, le projet de la technique a pu apparaître en effet comme la négation radicale du désir exprimé par Vigny.

Nous assistons aujourd'hui à une de ces parodies de réconciliation comme l'histoire les aime. Certes, 1,4 reste supérieur à 1, mais plus pour longtemps! La qualité des reproductions et des enregistrements continue de croître, et leur coût de diminuer. Il va y en avoir sans doute encore plus, si bien que le contact avec chaque reproduction finira par être aussi fugitif que celui avec un original. La banalisation de l'acte de reproduire aura pour conséquence que chaque reproduction ne sera vue qu'une fois. Vigny sera ainsi satisfait par la technique moderne!

Finirons-nous rôtis (désertification) ou bouillis (élévation du niveau des mers)? La presse, qui multiplie les articles sur l'effet de serre, hasarde aussi des propos rassurants : les tendances des courbes sont mauvaises, certes, mais comme nul ne sait s'il est légitime de les extrapoler, tout peut encore s'arranger.

Acceptons cet heureux augure. Pourquoi n'aurions-nous pas autant de chance que nos ancêtres? S'ils revenaient, ils auraient la joie de constater qu'une de leurs craintes ne s'est pas réalisée : le climat n'a subi aucun... refroidissement catastrophique!

Selon Giacomo Leopardi (1798-1837), les vieillards de son temps étaient unanimes : le climat, depuis leur jeunesse, n'avait cessé de refroidir. Leopardi est un des rares à ne pas ajouter foi à leurs témoignages. Ces vieillards, dit-il, «se figurent que la chaleur qui baisse dans leurs membres, baisse également dans l'atmosphère et sur la Terre» (*Pensée*, trad. fr. Allia, 1992). Depuis le temps qu'on prétend que le climat refroidit, ajoute-t-il, l'Italie devrait maintenant être plus froide que le Groenland! Leopardi n'avait pas plus confiance dans les savants : «Il n'y a pas si longtemps, des physiciens se sont mis sérieusement à chercher la cause de ce prétendu refroidissement et l'on avança, entre autres hypothèses, le déboisement des montagnes, pour expliquer un phénomène imaginaire.»

Alors? Peut-on se prémunir contre les inquiétudes actuelles en remarquant que nos anciens ont eu des inquiétudes contraires, et qu'ils les fondaient sur les mêmes causes que nous (le déboisement)? Le fait que leurs prévisions ne se soient pas réalisées ne prouve rien quant à la validité des nôtres. Aussi puissantes que nous semblent notre civilisation et notre science, la nature, d'un coup d'épaule, peut tout anéantir.

Imprimé en France par I.F.C. - N° 97/62
N° Édition : 1897-01 - Dépôt légal : Février 1997